지금, 자연은

지금, 자연은

나에게 도착한 자연을 듣다

장이권 글
최윤정(닥터구리) 그림

이화여자대학교출판문화원

들어가며

쳇바퀴 같은 바쁜 일상을 지내다 보면 자연의 변화를 눈치채긴 어렵다. 그러나 우리가 눈치채든 말든 계절은 끊임없이 바뀌며, 이에 맞춰 주변의 자연도 변화하고 있다. 이러한 자연의 변화는 우리의 삶과 무슨 관련이 있을까?

자연환경은 하루, 한 달, 그리고 일 년과 같은 일정한 주기를 가지면서 반복적으로 바뀐다. 이런 환경에서 진화한 생명체는 행동이나 대사활동에서 이에 부합하는 생체주기를 지닌다. 사람을 예로 들어보면, 낮에 활동하고 밤에 잠을 자는 수면-각성 주기나 체온과 호르몬 생산 같은 대사활동은 24시간 생체리듬을 따른다. 또 계절성 우울증이나 계절성 알레르기는 1년 주기의 리듬을 따른

다. 이런 생체리듬은 자연의 주기를 예측하고, 이에 맞춰 행동했을 때 그 생명체는 생존과 번식에서 유리한 위치를 점한다. 이것이 진화의 원리이다.

현대사회를 살아가는 우리는 자연과 멀어지는 생활을 지향하고 있다. 굳이 직접 자연에 가지 않아도 우리가 필요로 하는 모든 것을 손쉽게 구할 수 있다. 따라서 이제는 자연의 변화에 관심을 가지지 않아도 생활에 큰 지장이 없게 됐다. 그런데도 자연의 변화를 알게 되면 여전히 우리는 마음이 움직이는 것을 느낄 수 있다.

우리는 자연의 변화를 읽는 일이 인간의 생존과 직결되지 않는다는 사실을 잘 알고 있지만, 우리의 몸과 마음을 결정하는 유전자는 아직 그 사실을 모른다. 우리는 아주 오랜 시간을 거치면서 자연의 진리에 충실하도록 진화해온 유전자의 영향 아래에 있기 때문이다. 인류의 먼 조상이 자연의 변화를 탐지하며 삶을 영위했듯이, 그리고 오래지 않은 과거의 농부가 계절에 따라 농사를 지었듯이 자연의 변화에 노출되면 우리의 몸과 마음이 리셋되며 감흥이 일어난다.

자연의 변화를 읽는 가장 빠르고도 좋은 방법은 자연의 소리를 듣는 것이다. 소리는 우리 인간을 포함하여 많은 동물이 애용하는 의사소통의 채널이다. 소리 신호는 빠르고, 장애물을 돌아갈 수 있고, 어둠 속에서도 전달될 수 있다는 장점을 지닌다. 그래서 동물들은 주변의 변화를 눈치채고 필요한 정보를 얻기 위해 자연의 소리에 귀 기울인다.

이 책에서는 절기마다의 특색을 보이는 다채로운 자연의 장면을 그림과 소리로 담고 그 의미를 글로 풀어냈다. 각 장章 도입부에 내용과 삽화의 모티브가 된 음원들을 QR코드로 제시해 글, 그림, 소리를 함께 감상할 수 있도록 구성했다. 책에 실린 글과 음원은 CBS 〈장이권의 지금 자연은〉에서 방송된 내용을 바탕으로 했고, 삽화들은 닥터구리 유상홍 선생님의 사진과 동영상에 근거를 두었으며, 24절기에 대한 설명은 한국민속대백과사전을 참고했음을 밝힌다. 또한 음원 확보에 도움을 주신 배윤혁 님, 조명동 님, 임봉희 님께도 감사를 전한다.

자연의 소리는 그 자체만으로도 우리의 관심을 불러일으키기에 충분하다. 하지만 그 의미를 제대로 이해한다면, 비로소 우리 인간은 스스로의 삶을 자연의 변화와 발맞춰 정렬시킬 수 있게 될 것이다.

2024년 2월

장이권

차례

여름

가을

겨울

봄

새해맞이는
집 짓기부터

까치

새해 아침, 분주히 둥지를 짓는 까치의 소리이다.
설날이면 온 가족이 모여 집안의 대소사를 계획하는 것처럼
까치는 한겨울 높은 나무 위에 새로운 보금자리를 마련한다.
그러고 보면 새해를 맞이하는 마음가짐은
까치나 우리나 별반 다르지 않은 것 같다.

"까치 까치 설날은~ 어저께고요~"

'까치 까치 설날'은 설날 즈음이 되면 부르는 동요이다. 이 노래를 듣다 보면 문득 궁금해진다. 까치의 설날은 왜 어저께일까? 왜 하필 설날 동요에 까치가 등장할까?

설날은 보통 절기상 입춘 즈음이고, 이때는 아직 한겨울이다. 이 시기에 활동하는 새들은 많이 있지만 이들은 추운 겨울을 무사히 나기 위한 먹이 찾기에 바쁠 뿐이다. 그런데 이렇게 추운 겨울부터 분주하게 번식을 시작하는 동물이 있다. 바로 까치이다.

새들의 번식 활동은 둥지 건축부터 시작하는 경우가 많다. 까치는 높은 나무 위에 커다란 둥지를 짓는다. 그래서 까치는 제비와 더불어 둥지의 건축 과정을 직접 관찰할 수 있는 우리 주변의 새들 중 하나이다.

그런데 까치의 이런 건축 습성은 일견 특이하게 보이기도 한다. 흔히 새의 둥지는 방어력이 거의 없는 알이나 새끼를 오랫동안 담아둔다. 그래서 새들은 자기 둥지를 보호하기 위해 다양한 전략을 취하는데, 보통은 포식자가 찾기 힘든 은밀한 장소에 둥지를 짓는 전략을 쓴다. 우리 주변에 참새, 박새, 비둘기 등 많은 새가 있지만 이들의 자연 둥지를 찾는 일이 쉽지 않은 이유가 바로 여기에 있다.

까치는 전혀 다른 방법으로 둥지를 보호한다. 바로 높이이다. 둥지를 높은 곳에 짓는 것은 우리 사람과 같이 지면에 살고 있는 동물에게 최상의 방어 전략이다. 지면 동물은 높은 위치를 아주 싫어한다. 그래서 많은 새가 지면 동물이 올라갈 수 없는 높은 나무 위나 절벽과 같은 곳에 둥지를 건축한다.

까치는 중대형 조류이고, 따라서 비교적 커다란 둥지가 필요하다. 특히 나무 높은 곳에 위치하려면 둥지가 구조적으로 안정되어야 한다. 만약 바람이 세게 불어 둥지가 떨어진다면 그 안에 있는 새끼들도 같이 죽을 수 있다. 그래서 까치는 커다랗고 안정적인 둥지를 짓기 위해 이른 시기부터 건축 작업에 돌입한다. 이 때문에 설날 즈음이 되면 나뭇가지를 물고 가는 까치를 볼 수 있는 것이다.

설날 아침에는 온 가족이 함께 차례를 지내고 한 해를 계획한다. 올해의 농사를 구상하고 집안의 대소사를 고민하는 시간이다. 이때 부지런히 둥지를 준비하는 까치를 보며 조상님들은 까치도 한 해를 준비한다고 생각하지 않았을까? 그렇게 생각하면 까치[鵲]와 어제[昨]를 의미하는 한자의 발음이 모두 '작'인 것도 '까치의 설날이 어저께'인 것과 관련이 있는 듯하다. 까치의 설날이 어저께인 이유는 정확히 모르지만, 한 해를 시작하는 설날의 마음가짐은 우리나 까치나 별다르지 않은 것 같다.

입춘立春 24절기의 첫 번째 절기로, 양력 2월 4일경에 해당하며 이날부터 봄이 시작된다고 한다. 새해의 첫째 절기여서 농경의례와 관련된 행사가 많고, 기복적인 행사로 대문이나 문설주에 입춘축立春祝을 붙이는 가정도 있다.

부부의 페어플레이는 단혼의 조건

수리부엉이

번식기가 되었음을 알리는 수리부엉이 수컷의 소리이다.
수리부엉이는 알이 부화할 때까지 암컷이 둥지를 지킨다.
따라서 성공적인 번식을 위해서는
먹잇감을 공급하는 수컷의 역할이 중요하다.
이들에게 혼인과 임신, 출산은
부부의 페어플레이가 빛을 발하는 과정이라 할 수 있다.

번식기가 되었음을 알리는 수리부엉이 수컷의 소리이다. 수리부엉이는 날개폭이 1.5 미터나 되는 맹금이다. 낮에는 바위산에 있는 절벽에 마치 세워놓은 돌과 같이 꼿꼿하게 서서 휴식을 취한다. 절벽 밑이 소란스러우면 윙크하듯이 한쪽 눈을 뜨고 아래를 내려다본다. 그러다 밤이 되면 소리 없이 먹이를 덮치는 무서운 사냥꾼이기도 하다.

수리부엉이가 번식하는 시기는 2월쯤이다. 절벽 위 아래의 잎 떨어진 앙상한 나뭇가지가 겨울의 매서움이 가시지 않았음을 보여준다. 군데군데 눈도 쌓여 있다. 절벽 아래에는 수리부엉이가 자주 횃대로 사용하는 소나무 가지가 뻗어 나와 있고, 그 밑에는 배설물과 펠릿이 있다.

암컷은 깎아지른 듯한 절벽에서 윗부분에 알을 낳는다. 절벽에서 튀어나온 돌무더기는 언제 떨어질지 모르는 위태한 곳이다. 하지만 이런 절벽을 기어 올라가거나 내려올 수 있는 네 발 달린 포식자는 거의 없다. 그러므로 절벽은 수리부엉이가 번식하기에 가장 안전한 장소이다.

수리부엉이의 둥지는 허술하기 짝이 없다. 그저 알이 굴러다니지 않을 정도의 작은 공간에, 특별한 둥지 재료도 없이 그대로 외부에 노출되어 있다. 그래서 암컷 수리부엉이는 절벽의 둥지에서 꿈쩍도 하지 않고 알을 품어야 한다. 밤에는 온도가 영하로 떨어지므로 암컷이 둥지를 오래 비우면 알은 얼어 죽을 수도 있다.

하루 종일 알을 품고 있으면 암컷은 배가 고파진다. 이때 수컷이 먹잇감을 사냥해 와서 배고픈 암컷에게 주어야 한다. 수컷이 먹이를 잡아 오면 둥지에 있는 암컷에게 소리를 질러 알려준다. 그러면 배고픈 암컷이 먹이를 빼앗듯이 가져와 먹는다.

수리부엉이는 일부일처제를 유지한다. 암컷은 알

을 품고, 새끼들이 어느 정도 성장할 때까지 둥지를 한시도 비우지 않는다. 그동안 수컷이 양육에 참여하여 암컷과 곧 태어날 새끼들에게 끊임없이 먹이를 공급해주어야만 성공적인 번식이 가능하다. 이렇게 수리부엉이처럼 번식기에 수컷의 도움 없이는 자식을 키울 수 없을 때 동물들은 일부일처제를 유지하는 쪽으로 진화하게 된다.

우수雨水 24절기의 두 번째 절기로, 입춘 입기일入氣日 15일 후인 양력 2월 19~20일이 된다. '우수'는 눈이 녹아 비가 된다는 말이니 이제 추운 겨울이 가고 봄을 맞게 되었음을 알리는 절기이다. "우수 뒤에 얼음같이"라는 속담이 있는데, 이는 슬슬 녹아 없어짐을 이르는 뜻으로 우수의 성격을 잘 표현한다 할 수 있다.

초봄을 알리는
가장 정확한 자연의 지표

경칩개구리

새소리처럼 들리는 이 소리는 사실 큰산개구리의 노랫소리이다.
겨울 끝자락의 눈이 녹아 만들어진 웅덩이에,
수많은 큰산개구리가 이곳에 모여 동시에 폭발적인 번식을 한다.
이들의 노래와 산란이라는 계절 활동은 어떤 과학적 방법보다도
초봄이 도착했음을 가장 정확하게 알려주는 지표가 된다.

호오오오릉~ 호오오롱~

2월 말이나 3월 초, 경칩 즈음이면 야산에서 이런 소리가 들린다. 낮에도 들리기 때문에 새의 노래로 생각하는 사람도 있다. 이 소리는 큰산개구리의 노래인데, 나는 이 개구리를 '경칩개구리'라 부른다.

겨울의 끝자락, 눈이나 얼음이 녹으면 야산과 인접한 습지에 물이 고이면서 웅덩이가 만들어진다. 이런 일시적인 습지는 경칩개구리가 주로 번식하는 장소이다. 최근 논물이 고인 곳이나 농수로에서도 이따금 경칩개구리의 노래가 들린다.

개구리의 번식 활동은 수컷의 노래로 시작한다. 노

래에 이끌려 번식지에 온 암컷은 곧 수컷과 포접抱接하고, 그런 다음 산란을 한다. 경칩개구리의 경우 한 지점에서 번식하는 기간은 기껏해야 2~3주이다. 이 기간에 옹달샘 근처 계곡에 있는 모든 암컷이 한꺼번에 번식한다. 경칩개구리 암컷들은 왜 이처럼 폭발적인 번식을 할까?

경칩개구리가 너무 일찍 산란하게 되면 예측할 수 없는 날씨로 인해 알이 얼어 죽을 수 있다. 2월 말이면 순간적으로 매서운 겨울이 다시 찾아와 암컷의 노력을 허사로 만들 수 있기 때문이다. 그래서 암컷은 알을 너무 빨리 낳을 수 없다.

그렇다고 해서 너무 늦게 산란할 수도 없다. 3~4월의 옹달샘은 아직 추운 날씨로 인해 먹이가 충분치 않다. 그래서 가끔 산개구리 올챙이는 포식성으로 돌변해 다른 올챙이를 잡아먹기도 한다. 이때 주로 희생되는 올챙이가 늦게 산란한 암컷의 알이나 올챙이들이다.

동사凍死와 동족포식의 조임새에 끼인 암컷의 해결책은 산란 시기의 동기화이다. 그러면 적어도 자신의 올챙이는 다른 올챙이와 비슷하게 성장할 것이고, 따라서 동족포식을 피할 수 있다. 그렇다 보니 몇 안 되는 물이 풍부한 습지에서 한 계곡에 있는 암컷들이 동시에 한꺼번에 알을 낳는다.

따라서 경칩개구리의 노랫소리가 들리고 산란 활동이 목격된다는 것은 그 계곡의 얼음이 녹아 물이 고이기 시작했다는 것을 의미한다. 이것은 겨울이 끝나고 초봄이 시작되는 시점이 도래했음을 알려준다.

달력이 비록 시간의 지나감을 정확히 알려주긴 하지만 자연의 변화를 정확히 반영하는 것은 아니다. 그런 의미에서 생물의 계절 활동은 그 어느 인위적인 지표보다도 자연의 변화를 알려주는 가장 정확한 지표라고 할 수 있다.

경칩驚蟄 24절기의 세 번째 절기로, 동지 이후 74일째 되는 날이며 양력으로는 3월 5일 무렵이 된다. 동면하던 개구리가 놀라 깬다는 '경칩'의 의미처럼 만물이 겨울잠에서 깨어나는 시기를 이른다. 옛사람들은 이 무렵에 첫 번째 천둥이 치고 그 소리를 들은 벌레들이 땅에서 나온다고 생각했다.

생존과 생명의 몸짓,
드러밍

청딱따구리

오색딱따구리
청딱따구리(♂)

이른 봄, 딱따구리의 경쾌한 드러밍 소리가 숲속에 울려 퍼진다.
이들의 드러밍은 종마다 다르기 때문에
그 소리만으로도 어떤 종인지 종 구분이 가능하다.
이들의 소리는 영역을 확보해 번식하려는 생존의 소리이며,
동시에 숲이 살아 있음을 알려주는 생명의 소리이기도 하다.

이른 봄, 딱따구리의 맑고 깊은 소리가 숲속에 울려 퍼진다. 딱따구리는 수직으로 나무줄기를 이동하다가 꽁지깃으로 중심을 꽉 잡는다. 그러고는 날카로운 부리를 나무에 빠르게 두드려 경쾌한 소리를 낸다. 딱따구리의 이 행동은 마치 우리가 드럼을 치는 것과 비슷하다 하여 '드러밍'이라 한다. 딱따구리의 드러밍은 종마다 달라서 소리만 듣고도 어떤 종의 딱따구리인지를 구별할 수 있다.

따따따따! 따따따따! 청딱따구리 소리이다.

따따! 따따! 따따! 따따! 쇠딱따구리 소리이다.

드러밍을 할 때 딱따구리의 부리는 시속 24 킬로미터로 나무에 부딪히고, 1초에 무려 20번이나 나무를 두드린다. 이 정도의 충격이 사람에게 가해진다면 우리는 분명 뇌진탕을 일으킬 것이다. 그런데 헬멧도 쓰지 않은 딱따구리는 이런 충격에도 괜찮은 걸까?

딱따구리가 드러밍을 할 때 대부분의 충격 에너지는 아래쪽 부리를 통해 몸으로 전달되고, 단지 0.3 퍼센트의 충격만이 머리로 전달된다. 게다가 딱따구리의 두뇌는 매우 작은 편이어서 충격에 대한 영향이 상대적으로 적고, 또 두뇌가 머리뼈 안에서 출렁이지 않아 뇌손상을 입지도 않는다.

그렇다고 해도 딱따구리는 왜 굳이 드러밍을 하는 걸까? 사람이 결혼하려면 밥벌이도 하고, 집도 마련해야 한다. 새도 마찬가지이다. 먼저 영역을 확보해야 먹이와 짝을 구할 수 있다. 딱따구리는 부화에서부터 이소할 때까지 딱따구리는 불과 몇 주 만에 눈도 못 뜨는 새끼새에서 비행할 수 있는 어린새로 빠르게 성장한다. 이런 빠른 성장이 가능하게 하려면 딱따구리의 주 먹이인 곤충의 애벌레를 풍부하게 확보해야 한다. 그리고 영양이 풍부한 곤충 애벌레는 주로 나무 속에 있다.

따라서 영역은 딱따구리가 먹이를 확보하고, 활동하기 위한 공간이다. 영역을 확보하지 못하면 배우자도 유인하지 못하고, 번식도 불가능하다. 딱따구리는 자기의 영역을 주장하고, 경쟁자로부터 공간을 지켜내기 위해 드러밍을 하는 것이다. 그래서 딱따구리가 만드는 이 소리는 결혼이 가능함을 알려준다.

딱따구리의 드러밍은 다른 한편으로 딱따구리의 먹이가 되는 곤충들이 살아갈 만큼 숲이 살아 있다는 것을 의미한다. 한번 들어보자, 딱따구리의 드러밍! 나는 이 소리가 우리나라 곳곳에서 들리길 기원한다!

춘분春分 24절기의 네 번째 절기로, 양력 3월 21일 전후, 음력 2월 무렵이다. 음양이 서로 반인 날, 곧 낮과 밤의 길이가 같고 추위와 더위가 같아지는 날이다. 이 절기를 전후해 농가에서는 봄보리를 갈고 춘경春耕을 하며 담도 고치고 들나물을 캐어 먹는다. 옛날에는 이날 날씨를 보아 그해 농사의 풍흉豐凶과 수한水旱을 점치기도 했다.

폭발하는
생명력의 신호탄

대자연의 개엽

연둣빛 새순이 움트는 개엽의 소리이다.

4월이면 주위의 회색이 온통 녹색으로 바뀌는 장관이 펼쳐진다.

개엽은 춥고 긴 겨울을 지나 봄이 왔음을 알리는 신호탄이다.

누가 대자연이 아프리카나 아마존의 열대우림에만 있다고 했을까.

우리나라 곳곳의 개엽 속에서도 무수한 대자연은 숨 쉬고 있다.

4월 초순이면 우리나라 전체가 회색에서 녹색으로 바뀌는 장관이 펼쳐진다. 춥고 긴 겨울이 지나면 나무에서 새로운 잎이 나오기 시작하는데, 이것을 개엽開葉이라 한다. 흔히 우리나라에는 아프리카의 사바나, 아마존의 열대우림, 열대의 산호초 바다와 같은 대자연이 없다고 한다. 그러나 나는 개엽이 우리나라의 대자연이라 생각한다.

개엽은 무섭도록 빠른 속도로 일어난다. 어느 한 장소를 관찰해보면 불과 1~2주 사이에 메마른 나뭇가지에서 노르스름하며 연둣빛이 도는 새잎이 돋아난다. 이러한 새잎의 색이 꽃보다 아름답다고 느껴지는 것은 나만의 생각일까.

식물의 잎은 식물이 먹고 사는 데 필요한 에너지를 생성하기 위해 광합성을 하는 장소이다. 광합성을 하려면 빛에너지를 포획해야 하는데, 바로 엽록소라는 색소에서 이런 일을 한다. 식물이 주로 녹색으로 보이는 이유는 이 엽록소가 초록빛 파장의 빛을 반사시키기 때문이다. 새잎은 엽록소는 있지만 아직 밀도가 높지 않아서 연두색으로 보인다. 또 엽록소뿐만 아니라 다른 색소로도 드러나 새잎이 노랗고, 빨갛게 보이기도 한다.

곤충 애벌레는 새잎을 좋아한다. 애벌레들이 소화하기 어려운 타닌의 함량이 새잎 속에는 비교적 적기 때문이다. 타닌tannin은 식물이 애벌레와 같은 초식동물을 방어하기 위해 생성하는 화합물로, 계절이 흐를수록 잎 속 엽록소의 밀도는 높아지고 타닌의 함량도 높아진다. 그 결과 잎은 진한 녹색이 되고, 애벌레들이 먹기에 적합하지 않게 되는 것이다.

새잎은 많은 애벌레의 먹이가 되고, 애벌레는 많은 새나 작은 동물들의 먹이가 된다. 그래서 온대지역에 사는 대부분 동물이 먹이가 풍부해지기 시작하는 이 시기에 맞춰 번식 활동을 시작한다. 개엽으로 인해 갑작스럽게 먹이가 풍부해지므로 많은 철새도 위도가 낮은 곳에서 월동을 한 뒤 번식을 하기 위해 우리나라를 찾는다. 온대지역에서 개엽은 생명이 넘쳐나는 신호탄이다.

하늘 높은 곳에서 우리나라를 내려다보고 있다고 상상해보자. 개엽으로 인해 불과 몇 주 사이에 온 나라가 회색에서 녹색으로 바뀐다. 새로운 생명이 시작하는 우리나라의 대자연! 이 봄에 개엽을 즐겨보기를 바란다.

청명淸明 24절기의 다섯 번째 절기로, 양력 4월 5~6일 무렵, 음력으로는 3월에 들 때이다. '청명'은 하늘이 차츰 맑아진다는 뜻으로, 예로부터 이 무렵에 논밭의 흙을 고르는 농시 준비를 하고 청명이 되면 비로소 봄밭갈이를 했다고 한다. 청명이나 한식에 날씨가 좋으면 그해 풍작·풍어를 맞는다는 속신도 있다.

도심 소음에 파묻힌 노래새의 의사소통

노래새

초봄이면 들려오는 노랑턱멧새의 노랫소리이다.
이들은 참새, 박새, 곤줄박이와 더불어
노래로 소통하는 노래새이다. 따라서 이들에게
노래는 필수적인 생존과 번식의 도구이다.
노래새가 원활하게 의사소통하기 위해서는
조용한 환경이 필요한데, 나날이 확장하는 도시화는
그 반대 방향으로 가고 있다.

초봄이면 참새, 박새, 곤줄박이, 그리고 조금 전 노래의 주인공인 노랑턱멧새의 노랫소리가 자주 들린다. 이들은 노래를 불러 짝짓기를 하고, 심지어 우리가 언어를 배우듯 노래를 학습할 수도 있다. 그래서 이런 새들을 '노래새' 라고 한다.

벚꽃이 한창일 무렵에는 나무 위 높은 곳에서 노래하는 노래새가 많다. 높은 곳에서 노래를 부르면 소리가 멀리까지 전달되어 잠재적인 배우자나 경쟁자에게 들릴 가능성이 크기 때문이다. 이때 노래를 부르는 장소는 그 노래새가 번식할 때 사용하고 싶은 영역이다.

노래새의 학습은 알에서 부화한 지 얼마 되지 않은

시점부터 시작한다. 아직 깃털도 제대로 자라지 않은 새끼새 시기부터이다. 이때 새끼새는 주변의 다른 수컷의 소리를 듣고 기억하는데, 주로 아빠나 이웃하는 다른 수컷들의 소리이다. 새끼새는 이때 들은 소리를 마치 빨아들이듯이 두뇌에 집어넣고 평생 기억한다. 이렇게 빠른 학습이 일어나는 시기를 민감기라 한다.

새끼새가 성장하여 둥지를 이소하면 어린새가 된다. 어린새는 인간의 아이가 옹알이하듯 노래를 발성한다. 처음 옹알이할 때 발성하는 소리는 기억 속에 있는 노래와 비교해 완벽하진 않다. 어린새는 기억하고 있는 소리와 지금 발성하는 소리가 일치할 때까지 반복적으로 연습한다. 그래서 어른새가 되면 민감기 때 들었던 노래를 완벽하게 부를 수 있다.

노래새의 재미있는 특징은 방언이 있다는 점이다. 방언은 노래를 학습해 발성하고, 지역마다 특화된 노래를 배우기 때문에 발생한다. 한 가족에서 유래한 형제라도 들려준 노래가 다르면 서로 다른 방언으로 노래할 수 있다. 노래새의 방언은 인간의 언어에서 방언이 만들어지고 유지되는 원리와 똑같다.

최근 도심의 소음이 노래새의 노래를 파묻어 노래새가 의사소통하는 데 많은 지장을 주고 있다. 그래서 노래새는 전 세계적으로 주파수를 높여 노래를 부르기 시작했지만, 이 주파수 영역은 의사소통하는 데는 비효율적이다. 인간의 쾌적함만이 아니라 동물의 생존을 위해서도 조용한 도시가 되어야 한다.

봄을 깨우는 전령의 소리

봄비

봄이 오면 가장 듣고 싶은 소리, 바로 봄비 소리이다.
어디선가 들려오는 새들의 노래는 무료함을 달래려는 행위일까,
아니면 같은 나무에서 봄비를 맞는 낯선 동료를 향한 인사일까?
식물의 성장과 동물의 번식이 가능해졌음을 알리는 전령의 소리,
그것은 곧 찾아올 풍요를 암시하는 가장 강력한 축복의 신호이다.

투두두두 투두두두!

봄에 가장 듣고 싶은 소리이다. 바싹 마른 나뭇가지에서 솟아나는 새싹도, 낙엽 밑에서 더 이상 머금을 습기가 사라진 흙도, 탁한 먼지로 답답해 보이는 공기도 모두 봄비를 애타게 기다리고 있었다. 어디선가 직박구리와 박새의 소리가 들려온다. 가만가만 내리는 비는 이들에게 아무렇지도 않은 것 같다. 언제 그칠지 모르는 비를 맞으며 무료함을 달래기 위해 노래하는 것일까? 아니면 같은 나무에서 비를 맞게 된 낯선 동료에게 인시 를 하는 것일까?

자고로 봄비는 풍년을 부른다고 했다. 겨울 동안 건조해진 흙에 수분을 보충해주기 때문에 봄비는 씨앗의 발아와 식물의 성장에 중요하다. 식물의 새싹은 단백질이 풍부하여 많은 곤충과 작은 동물들의 먹이가 된다. 그리고 이들을 잡아먹는 포식자도 봄비의 덕을 보는 것은 마찬가지이다. 그래서 봄비 소리는 식물의 성장과 동물의 번식이 가능해졌음을 알리는 소리, 곧 다가오는 풍요를 암시하는 강력한 큐이다.

봄비 소리를 들으면 평화롭고 안정적인 느낌이 드는 이유는 뭘까? 마음의 평화로움은 평정을 뒤흔드는 소리가 없을 때 가능하다. 조용하게 내리는 봄비 소리는 신경을 거슬리게 하는 주변의 소음을 가려준다. 그래서 봄비에는 마음을 가라앉혀 진정시키는 효과가 있다.

그렇지만 우리가 봄비 소리를 좋아하는 이유는 따로 있다. 우리 인간은 지난 수백만 년 동안 자연에서 진화해왔고, 따라서 우리의 마음과 유전자는 자연에서 잘 살 수 있도록 최적화되어 있다. 자연에는 우리에게 필요한 자원도 있고, 우리를 위협하는 요인도 있다. 이런 요인에 대한 정보는 우리의 생존과 번식에 중요하고, 따라서 우리는 이런 정보에 대해 감정적으로 반응한다. 만약 필요한 자원에 대한 정보가 있다면 안도의 한숨을 내쉴 수 있고, 위협하는 요인에 대한 정보가 있다면 그에 대비하는 마음가짐을 가질 수도 있다.

생존에 긍정적인 영향을 끼치는 일을 하면, 또는 그런 암시를 주는 일을 겪으면 우리 두뇌는 우리에게 감정적인 선물을 선사한다. 맛있는 음식을 먹었을 때 기쁨이라는 감정을 느끼는 것이 좋은 예이다. 봄비 소리는 다가오는 풍요에 대한 일종의 큐이고, 이런 정보에 대해 우리의 두뇌는 우리 스스로에게 평화와 안정이라는 감정적인 선물을 준다. 대지를 적셔주고 생명을 깨우는 봄비는 우리의 몸과 마음까지도 풍족하게 한다.

곡우穀雨 24절기의 여섯 번째 절기로, 양력 4월 20일 무렵, 음력 3월 중순경에 해당한다. '곡우'는 봄비가 내려 백곡을 기름지게 한다는 뜻으로, 이 무렵이면 못자리를 마련하는 것부터 해서 본격적으로 농사철이 시작된다. "곡우에 모든 곡물이 잠을 깬다.", "곡우에 가물면 땅이 석자가 마른다.", "곡우에 비가 오면 농사에 좋지 않다.", "곡우가 넘어야 조기가 운다." 같은 농사와 관련한 다양한 속담이 전한다.

여름

땅속에서 유혹하는 나팔수의 정체

땅강아지

시골 논둑을 걷다 보면 듣게 되는 땅강아지의 노래이다.
땅강아지는 발달된 앞발로 땅속에 굴을 파고 다니며 생활한다.
수컷은 땅굴 입구를 나팔처럼 만들어서
매력적인 노래를 부르는데, 운이 좋으면
이들의 노랫소리에 매혹당해 소리의 진원을 찾아가는
암컷 땅강아지와 마주칠 수도 있다.

호로로로~ 호로로로~

봄에서 가을 사이, 시골의 밭이나 논둑을 걷다 보면 이런 소리를 듣는다. 바로 땅강아지의 노래이다! 땅강아지가 노래를 부른다는 사실을 모르는 사람이 많다. 그러나 땅강아지의 가계도를 알면 이들이 노래를 한다는 사실이 그리 놀랍지 않을 것이다. 땅강아지는 노래를 잘 부르는 귀뚜라미와 친척이다. 귀뚜라미처럼 땅강아지의 노래는 암컷을 유인하고, 다른 수컷과 경쟁하기 위해 사용된다.

땅강아지를 보면 머리 뒷부분에 넓고 미끈한 등판이 있다. 이 부분은 곤충의 운동을 담당하는 가슴이고, 여기에서 다리 세 쌍과 날개 두 쌍이 뻗어나간다. 가슴 안은 이런 운동기관을 작동할 수 있는 근육으로 가득 차 있다. 땅강아지의 앞발은 다른 발에 비해 아주 두터워서 여기에도 근육이 아주 잘 발달해 있다. 그래서 땅강아지를 손으로 잡으면 앞발로 비집고 나가려는 힘을 느낄 수 있다. 같은 방식으로 땅강아지는 땅을 파헤치고 비집으며 앞으로 나간다.

땅강아지가 땅을 잘 팔 수 있는 이유는 또 있다. 앞발의 끝을 보면 넓적하면서 어두운색의 돌기가 잘 발달해 있는데, 이 부분이 흙을 파헤치기 좋게 아주 단단해서 삽과 같은 역할을 하기 때문이다.

땅강아지는 땅을 파고 다니며 그 안에서 먹이를 찾아 먹고, 심지어 노래도 지면과 가까운 굴 안에서 부른다. 굴 안이나 굴 입구에서 노래를 부르는 이유는 위협이 닥치면 재빨리 굴의 깊숙한 곳으로 숨기 위함이다.

굴 안에서 노래를 부르면 소리가 멀리 퍼져나갈 수 없다. 그러나 땅강아지는 나팔을 만들어서 이 문제를 해결한다. 나팔을 불면 공기가 긴 관을 통과하면서 반대편 출구로 빠져나간다. 나팔의 출구는 점점 넓어지면서 진동하는 소리가 점점 더 많은 양의 공기를 잡아 흔들고, 따라서 큰 소리를 낸다.

밭이나 논둑에서 호로로~ 호로로~ 하는 소리가 들리는데 아무리 찾아도 그 소리의 주인공을 찾기 어렵다면, 굴 안에서 노래하고 있는 땅강아지가 분명 근처에 있는 것이다. 봄철 들판에서 들려오는 미스터리한 소리의 주인공은 땅강아지이고, 땅강아지가 노래를 잘 부를 수 있는 비결은 나팔인 것이다. 그리고 잘 찾아보면 그 소리를 듣고 다가가는 땅강아지 암컷과 마주칠 수도 있다.

입하立夏 24절기의 일곱 번째 절기로, 양력 5월 6일, 음력으로는 4월에 들 무렵이며, 여름이 시작되었음을 알리는 시기이다. 이때가 되면 봄은 완전히 퇴색하고 산과 들에는 신록이 일기 시작하며 개구리 우는 소리가 들린다. 논밭에는 해충도 많아지고 잡초가 자라서 풀 뽑기에 부산해진다.

국가대표 합창단의 투쟁가

청개구리

한국의 봄을 대표하는 소리, 청개구리 수컷들의 합창 소리이다.
이들의 노래는 짝짓기 장소를 확보하려는 점거의 투쟁가이면서
짝짓기 경쟁자들을 물리치려는 쟁취의 투쟁가이다.
습지가 사라져가는 요즘은 도시 문명을 향한 항거의 노래이자
농사의 성공을 비는 연대의 노래라고도 할 수 있을 것이다.

지금 듣는 청개구리의 합창을 나는 봄철 '한국의 소리'라고 부른다. 4월 즈음부터 우리나라 어디에서든지 쉽게 들을 수 있기 때문이다. 청개구리 수컷은 낮이면 논 근처의 풀밭이나 나무에서 휴식을 취하다가, 해가 질 무렵에 논으로 이동한다. 놀랍게도 이들은 그 전날 노래했던 장소를 정확히 기억하고 바로 그 장소로 찾아간다.

청개구리의 합창은 수컷의 노래로 시작한다. 수컷은 짝짓기를 목적으로 암컷을 유인하기 위해 노래를 부른다. 그러나 이들의 노래는 다른 수컷의 견제를 받는 경우가 흔하다. 수컷들은 노래하는 장소를 두고 몸싸움도 마다치 않는다. 어느 정도 신체적인 조건이 우세하지 않으면 노래하는 장소를 확보하는 것도 쉽지 않다.

노래하는 장소를 확보하더라도 곧바로 성공적인 암컷의 유인으로 이어지지는 않는다. 노래할 장소를 확보한 수컷들 간의 경쟁이 또다시 기다리고 있다. 한 수컷의 가장 강력한 경쟁자는 바로 이웃하는 수컷이다. 그래서 한 수컷이 노래를 시작하면 옆에 있는 다른 수컷도 바로 노래를 불러야만, 최소 동등하게 암컷을 유인할 수 있다. 그 결과 한 마리가 노래하면 곧바로 논 전체로 노래가 퍼져 청개구리들의 합창이 울려 퍼지는 것이다.

청개구리가 동면에서 깨어나 활동하기 시작하는 시기는 4월쯤이다. 이들은 우리나라의 다른 개구리와 같이 동면에서 깨어나면 바로 번식 활동을 한다. 그런데 오늘날 청개구리가 번식하는 장소는 주로 논이다. 만약 그해 봄에 강우량이 적어 논에 물이 없으면 청개구리는 바로 번식을 시작할 수 없다. 암컷 청개구리는 논에 물이 있어야만 산란을 하러 오기 때문이다. 어쩔 수 없이 수컷 청개구리는 논 근처에서 기다려야 하고, 따라서 노래도 부르지 않는다.

논에 물이 차기 시작하는 시기는 모내기 직전이다. 그리고 이때부터 청개구리가 합창을 시작한다. 자연습지가 거의 사라진 요즘, 청개구리는 이제 논에 의지해 살아간다. 논에 물이 차서 한 해 농사가 잘되길 바라는 마음은 사람도 청개구리도 마찬가지가 되었다.

소만小滿 24절기의 여덟 번째 절기로, 양력 5월 21일, 음력으로는 4월에 들 무렵이다. '소만'은 햇볕이 풍부하고 만물이 점차 생장하여 가득 찬다는 뜻이며, 이즈음 모내기가 시작되어서 일 년 중 제일 바쁜 계절에 접어든다. 이때부터 산과 들판은 신록이 우거져 푸르게 변하고 산에서는 부엉이가 울어대 여름 기분이 나기 시작한다.

틈새시장을 노려라

족제비

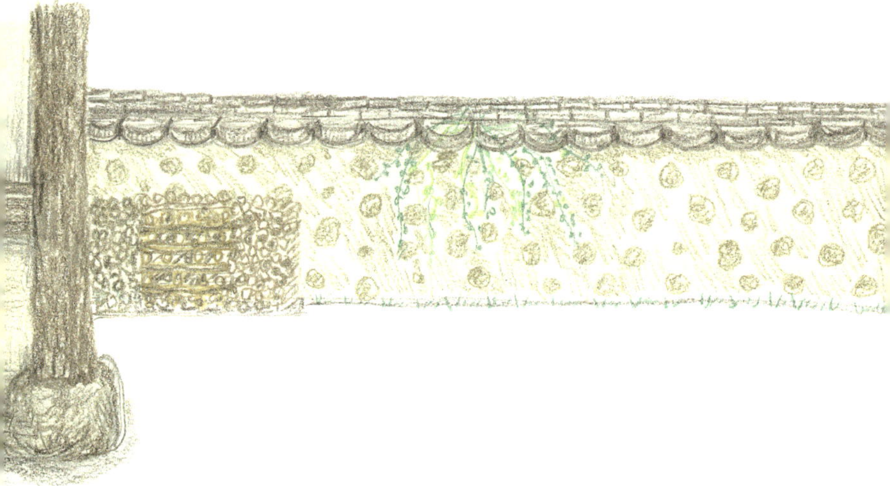

족제비 새끼가 좁은 틈 사이에서 어미를 보채는 소리이다.
호리호리하고 길쭉한 족제비의 몸은 틈새 사냥에 특화되어 있다.
이들은 공격적이고 날렵해 무서운 사냥꾼의 자질을 지녔지만
봄이 되어 양육을 시작하면 포식자를 피해 자주 이사를 다닌다.
이때 자연의 굴뿐 아니라 농가도 이들에겐 좋은 보금자리가 된다.

족제비 새끼가 기둥과 벽 사이의 좁은 틈에서 어미에게 보채는 소리이다. 좁은 틈 사이의 어둠 속에서 새끼들이 어미를 찾는 것 같다. 어미는 밖에서 주변을 둘러보며 위협 요인이 있는지 주의 깊게 살핀다. 그러다가 안심이 되면 틈으로 고개를 집어넣고 새끼 한 마리를 물어서 끄집어낸다. 새끼들을 데리고 새로운 장소로 이사를 가려는 것이다.

농가는 우리 인간뿐만 아니라 많은 야생동물에게도 훌륭한 보금자리이다. 족제비와 같은 작은 동물에 있어서도 농가는 새끼를 낳고 기르기에 더할 나위 없는 장소이다.

몸이 호리호리하고 길쭉한 족제비는 기둥과 벽 사이에 있는 좁은 틈도 쉽게 파고 들어갈 수 있다. 그래서 족제비는 좁은 틈을 이용해 잘 도망가는 설치류들을 사냥하는 데 특화되어 있다. 그렇지만 먹이가 부족하면 개구리, 곤충, 새 등도 닥치는 대로 잡아먹는다.

족제비는 몸무게가 1킬로그램도 나가지 않지만 매우 공격적이고, 날렵한 몸동작을 이용해 사냥하는 아주 무서운 사냥꾼이다. 과거 농촌에서는 틈새를 아무리 잘 막아놓아도 족제비들이 좁은 구멍을 타고 들어와 우리 안에 있는 닭을 채가 농부들의 미움을 받기도 했다.

족제비가 훌륭한 사냥꾼인 이유는 잽싸면서 활동성이 높기 때문이다. 족제비의 맥박수는 1분에 400이 넘고 대사율도 높아서 빠르게 살아갈 수 있다. 그런데 이렇게 빠르게 살기 위해서는 많이 먹어야 한다. 일반적으로 고양이과의 동물들은 일주일에 자기 몸무게의 3분의 1 정도의 먹이가 필요하다. 그러나 족제비는 높은 대사율 때문에 그 정도의 먹이를 일주일이 아닌 하루 안에 섭취해야 한다.

족제비는 보통 쓰러진 통나무나 속이 빈 그루터기에 굴을 파고 거처로 사용한다. 이때 굴을 만드는 수고로움 없이, 설치류가 이용하던 굴을 그대로 사용하기도 한다. 이외에도 임시로 사용하는 쉼터가 몇 개 더 있다. 이런 장소는 새끼를 키울 때 요긴하게 사용된다.

족제비는 겨울에 임신하고 출산해서 봄이 되면 새끼들을 기른다. 새끼가 점점 커가면 냄새도 나고 시끄러워서 포식자를 유인할 수 있다. 그렇기에 어미는 종종 새끼들을 새로운 장소로 이사시켜 혹시 모를 위협에 미리 대비한다.

우리나라에만 존재하는
신종 개구리

노랑배청개구리

전북 익산의 한 논둑에서 들려오는 노랑배청개구리의 소리이다.
현재 500마리 남짓밖에 남지 않은 고유종이자 멸종위기종인데,
현대화된 농법과 농지 개발로 지금도 계속해서 수가 줄고 있다.
사정을 알고 소리를 다시 들어보면 마치 살려달라는 외침처럼도,
혹은 함께 살자는 호통처럼도 들린다.

2020년 신종으로 보고된 노랑배청개구리의 소리이다. 다른 청개구리와 달리 배가 유난히도 노랗다. 현재 우리나라에서 가장 심각한 멸종위기에 처해 있는데, 전라북도 익산 지역을 중심으로 노래하는 수컷이 500마리 내외이다.

우리나라에서 신종이 보고되는 일은 극히 드물다. 보통 신종은 곤충이나 미세한 생물처럼 잘 알려지지 않은 분류군에서 주로 발견된다. 청개구리처럼 잘 알려진 분류군에서 신종으로 보고되는 경우는 기존에 몰랐던 종을 새로 발견했을 때가 아니고, 기존에는 다른 종의 일부였는데 연구 결과 신종으로 여길 만큼 독특함을 인정받을 때이다.

노랑배청개구리의 독특함은 과거 빙하기 이후 서해(황해)의 형성과 관련이 깊다. 황해를 중심으로 중국에는 민무늬청개구리, 북한에서 우리나라의 칠갑산 북쪽에 걸쳐서는 수원청개구리, 그리고 칠갑산 남쪽에는 노랑배청개구리가 살고 있다. 이 세 종은 서로 유사하고, 모두 해안과 가까운 평야 지대에서 주로 서식한다. 이 중 우리나라 남쪽에 있는 노랑배청개구리는 다른 종과 고립되어 독특한 특징이 진화되었다.

현재 노랑배청개구리는 논과 습지에서 번식하고 심지어 월동까지 한다. 논과 습지는 벼도 자라지만 다른 풀이나 작물도 잘 자란다. 이런 곳에서 노랑배청개구리는 먹잇감인 곤충을 찾을 수 있고, 또 무엇보다도 휴식을 취할 쉼터를 찾을 수 있다. 그래서 노랑배청개구리의 가장 이상적인 서식지는 전통적인 농법으로 농사가 이루어지는 논이다. 지역의 브랜드 가치를 드높일 수 있는 동시에 노랑배청개구리의 서식지까지 제공할 수 있는 전통 농법은 익산의 마스코트인 노랑배청개구리와 인간이 공존할 수 있는 최상의 길이다.

그런데 오늘날 노랑배청개구리의 쉼터인 논둑의 풀들이 제초제에 말라버리고 있다. 이들의 터전인 논 역시 비닐하우스로 바뀌고 있다. 심지어 도로와 수로의 건설은 노랑배청개구리의 왕래를 단절시켜 번식을 어렵게 하고 있다.

이제는 우리나라의 한 종으로 자리 잡은 노랑배청개구리. 이들의 작은 보금자리를 지켜주기 위해 우리가 할 수 있는 일은 무엇일지 고민해봐야 할 시점이 아닐까?

망종芒種 24절기의 아홉 번째 절기로, 양력 6월 6일, 음력으로는 5월 무렵이다. '망종'은 벼나 보리 같이 까끄라기가 있는 곡식을 뜻하며, 곧 곡식 종자를 뿌리기 적당한 시기를 이른다. "보리는 망종 전에 베라."는 속담처럼 모내기와 보리베기에 알맞은 때로서 특히 이 무렵에는 보리농사가 많은 남쪽일수록 더욱 바쁘다.

가족 상봉의 주파수

흰빰검둥오리

앞선 소리는 애타게 새끼를 찾는 흰뺨검둥오리 어미의 소리이다.
그리고 뒤이은 소리는 어미를 찾는 새끼의 소리이다.
이렇게 어미와 새끼가 서로를 찾는 소리는 접촉음인데,
어미의 것은 저음으로 넓게, 새끼의 것은 고음으로 좁게 퍼진다.
이제 곧 오리 가족은 서로의 소리를 알아채고 재회하게 될 것이다.

꽥~ ~ ~ ~

흰뺨검둥오리 어미가 애타게 새끼를 찾고 있다. 그 뒤로는 다른 새끼들이 어미를 놓치지 않으려고 열심히 쫓아오고 있다. 어미는 흰뺨검둥오리의 전형적인 꽥꽥 소리를 연신 지른다. 약간은 둔탁한 오리 특유의 소리이다.

초여름 하천의 수면은 송사리들이 일으키는 움직임으로 잔물결이 일고 있다. 산란하려는 암컷을 따라서는 수컷 무리가 요란하게 그 뒤를 쫓고 있다. 수풀 속을 보면 잠자리 수채가 우화羽化하려고 몸을 수초에 고정하고 있다.

오리 새끼는 길을 잘못 들어서 어미와 떨어졌다. 하천 바위틈에 몸을 숨긴 새끼는 연신 어미를 불러댄다.

삐이잇~ 삐이잇~

새끼의 소리는 주파수가 아주 높아서 주의를 기울이지 않으면 금방 바람에 파묻혀버릴 것 같다. 흰뺨검둥오리 어미는 새끼의 소리를 들을 수 있을까?

흰뺨검둥오리 어미와 새끼가 서로를 찾는 소리는 접촉음이다. 이 소리는 나의 위치를 가족이나 무리의 구성원들에게 알리고, 서로의 행동을 조정하는 데 필요하다. 낮게 저음으로 깔리는 어미의 접촉음은 넓게 퍼진다. 새끼들은 이런 어미의 접촉음을 금방 알아채어 쫓아간다. 어미는 주변의 위협 요인을 파악할 수 있고, 스스로 방어할 수도 있기 때문에 이렇게 뚜렷한 소리를 발성해도 괜찮다.

반면에 새끼의 소리는 가냘프고 아주 높다. 이런 소리는 멀리 전달되지 못하고 금방 소멸한다. 어미 흰뺨검둥오리는 새끼의 접촉음을 예상하고 잘 들을 수 있다. 하지만 주변의 다른 동물이나 사람은 이런 소리를 잘 듣지도 못하고, 예상하지도 못한다. 흰뺨검둥오리 새끼는 자신을 보호하기 위해 어미만 잘 들을 수 있는 소리를 내고 있는 것이다.

동물은 끊임없이 의사소통하며 살아간다. 그중 가장 긴밀한 의사소통은 어미와 자식 간에 일어난다. 새끼는 관심을 끌지 않기 위해 포식자가 들을 수 없는 높은 소리로 어미를 부르는 경우가 많다. 용감한 어미는 새끼가 멀리서도 들을 수 있게 뚜렷한 소리를 낸다. 떨어진 흰뺨검둥오리 어미와 새끼는 서로의 접촉음을 이용하여 다시 만날 수 있었다.

붉은 입안을 가진
갈대숲의 거주자들

개개비

노래할 때 붉은색 입안을 볼 수 있는 새, 개개비의 노랫소리이다.
개개비는 5월 무렵 수컷들이 암컷보다 먼저 우리나라에 도착하며,
일찍 도래한 수컷일수록 잘 발달한 갈대숲의 좋은 자리를
선점한다. 인간에게 깨끗한 물을 선사하는 하천가의 갈대숲은
개개비에게도 안전한 보금자리를 제공하는 참 감사한 서식지이다.

하천을 산책하다가 이런 소리가 들리면, 잠시 멈춰서 소리의 주인공을 찾아보기 바란다. 노래할 때 붉은색의 입안을 볼 수 있는 새, 개개비이다. 개개비의 소리가 들리는 곳은 십중팔구 하천의 갈대밭이다.

개개비의 노래는 쉽게 들을 수 있지만 이 녀석을 찾는 것은 그리 쉽지 않다. 모습이 보여도 금방 날아가 버려서 자세히 관찰하기도 어렵다. 그러나 운이 좋으면 몸에 비해 상대적으로 큰 부리를 열어젖히고 노래하는 개개비를 볼 수 있고, 심지어 갈대 사이에 있는 개개비 둥지, 그리고 먹이를 나르는 개개비도 만날 수 있다.

개개비는 동남아시아에서 월동하고, 우리나라에는

번식을 위해 5월 무렵부터 찾아온다. 그런데 모든 개개비가 한꺼번에 도래하는 것은 아니다. 보통 수컷이 암컷보다 먼저 번식지에 도착한다. 이런 현상은 개개비뿐만 아니라 다른 이주하는 동물들에서도 흔하게 나타난다. 그런데 같은 수컷이라 하더라도 우리나라에 도착하는 시기가 다 다르다. 보통 먼저 도착한 수컷이 나중에 도착하는 수컷보다 날개나 꼬리 길이가 더 길고 몸무게도 더 나간다. 뿐만 아니라 먼저 도착한 수컷은 더욱 빽빽하게 밀집한 갈대숲에 자리를 잡는다. 상태가 좋은 수컷이 일찍 도래하고 먼저 좋은 자리를 차지하는 것이다. 그러나 시간이 지나면서 갈대는 계속 자라기 때문에 늦게 도착하는 수컷도 번식에 필요한 빽빽한 갈대숲을 찾을 수 있다.

하천에 잘 발달한 갈대숲은 개개비에게 안전한 둥지를 제공한다. 한편 갈대숲은 우리에게도 아주 중요하다. 넓게 잘 발달한 갈대숲은 물의 속도를 늦춰, 물속에 있는 오염 물질이 가라앉고 여과될 시간을 벌어준다. 그럼으로써 다양한 수초가 오염 물질을 흡수하고 물을 정화시킨다.

최근 하천의 구조를 직선화하는 사업 때문에 습지

에 의존해 사는 생물들의 서식지가 하루아침에 사라지는 일이 많다. 하천의 기능은 단순히 물을 흘려보내는 배수로 역할이 전부가 아니다. 하천에 분포된 갈대숲과 같은 다양한 서식지는 생물들에게 보금자리를 제공한다. 이처럼 다양한 서식지가 있을 때 하천의 물도 맑아질 수 있는 것이다.

하지夏至 24절기의 열 번째 절기로, 양력으로는 6월 22일, 음력으로는 5월 무렵이며, 황도黃道상에서 태양이 가장 북쪽에 위치하는 하지점夏至點에 이를 때이다. '하지'는 여름에 이르는 때를 뜻하며, 북반구에서는 일 년 중 낮이 가장 길고 밤이 가장 짧은 날이다. 정오의 태양 높이도 가장 높고 일사日射 시간과 일사량도 가장 많은 날로서 이날 이후로는 기온이 상승해 몹시 더워진다.

한 지붕 두 가족의
오랜 공생사史

제비

농가 처마 밑에 둥지를 튼 제비의 노랫소리이다.
흥부에게 박씨를 물어다 준 전래동화 속 사연처럼
예로부터 제비는 풍년을 가져오는 이로운 새로 통한다.
제비 역시 인간의 보호 아래 안전한 보금자리를 유지할 수 있다.
이처럼 제비와 인간은 상부상조하며 최고의 친구가 되어왔다.

지오찌 찌찌 지오찌 찌찌

제비의 노래이다! 흥부전에서도 볼 수 있듯이 인간은 농경사회를 이룬 이래 제비와 더불어 살아왔다. 제비는 시골 농가의 처마 밑이나 대문 아래에 둥지를 짓는다. 왜 이토록 눈에 잘 띄는 장소에 둥지를 지을까?

제비와 인간을 공생 관계로 보면 설명이 가능해진다. 공생 관계란 상호작용을 통해 제비와 인간 모두가 이익을 보는 관계를 말한다. 그럼 이 상호작용에서 제비와 인간은 서로에게 어떤 이익을 얻을 수 있을까?

제비가 얻는 이익은 아마 포식자 방어와 관련이 있는 것 같다. 흥부전을 보면 첫 장면에서 구렁이가 담을 넘어 제비 둥지를 공격한다. 이것을 보고 흥부는 들고 있던 몽둥이를 휘저어 구렁이를 내쫓는다. 아마 이 광경을 제비 부모가 지켜보았다면 인가에 둥지를 튼 자신들의 결정에 손뼉을 쳤을 것이다. 제비는 일부러 사람들이 왕래하는 곳에 둥지를 지어 인간의 보호를 받으려 한다.

비슷한 사례로 제비는 강력한 포식자인 물수리의 둥지 바로 밑에 둥지를 짓기도 한다. 제비의 포식자가 감히 물수리의 둥지 근처에 어슬렁거렸다간 물수리의 공격을 받을 수 있기 때문에 그 근처에는 얼씬도 하지 않으리라는 계산이 깔려 있는 것이다. 이렇게 제비는 상위 포식자의 근처에 둥지를 틀어 새끼를 보호하려 한다.

그럼 인간은 제비와의 관계에서 어떤 이익을 얻을까? 곤충만을 먹이로 잡아먹는 제비는 들판이나 논과 같이 개방된 장소에서 사냥을 한다. 제비 부모는 새끼를 기를 때 하루에 300번도 넘게 곤충을 잡아 둥지를 방문하는데, 이때 한번에 곤충 여러 마리를 잡아 으깨고 뭉쳐 덩어리로 만들어 가져온다. 그러므로 제비 한 쌍만 하더라도 하루에 사냥하는 곤충은 헤아릴 수 없을 정도로 많다.

농약이 없던 과거에는 해충을 조절할 수 있는 최고의 살충제가 바로 제비인 셈이었다.

이제 우리는 제비의 도움이 없어도 살충제를 사용하여 농사를 지을 수 있다. 제비와 인간의 상호작용에서 한쪽 축이 무너져버린 것이다. 제비는 아직도 인간의 보호 아래 번식하고 싶어 하지만, 인간은 딱히 제비의 도움이 없어도 농사를 지을 수 있다. 이 때문인지 최근 시끄럽고 똥만 싼다고 천대시하며 제비의 둥지를 헐어버리는 사람이 많은데, 무너진 상호관계를 반영하는 장면이라 할 수 있다.

흥부전의 전반적인 주제는 권선징악이다. 그러나 그 이면을 흐르는 저자의 또다른 의도는 농사에 도움을 주는 제비를 보호하라는 것이 아닐까?

소서小暑 24절기의 열한 번째 절기로, 양력 7월 5일, 음력으로는 6월 무렵이다. '소서'는 작은 더위'라는 뜻이며 이때를 중심으로 본격적인 너위가 시작된다. 이 시기는 여름 장마철로 장마전선이 한반도 중부지방을 가로질러 장기간 머물기 때문에 습도가 높고 비가 많이 내린다.

요람에서 무덤까지, 동기화가 답이다

참매미

한여름을 알리는 참매미들의 노랫소리이다.
한낮에 울려 퍼지는 시끄러운 매미 노랫소리는
포식자에게 이들의 위치를 노출하는 위험한 행위가 될 수 있다.
그럼에도 이들이 노래 부르기를 계속할 수 있는 까닭은
동기화, 즉 '합창'이라는 재미있는 대처 방법이 있기 때문이다.

맴~ 맴~ 맴~ 매애애애애앰~

참매미의 노래는 한여름을 알리는 신호이다. 이때쯤이면 온 동네 아이들이 매미채를 들고 나타난다. 이렇게 노래를 부르고 나면, 나무줄기에 앉아 있던 참매미는 휙 날아가 버린다. 나는 이런 매미를 보면서 가장 재미있고도, 약간은 정신 나간 행동을 한다고 생각한다.

매미는 약충으로, 땅속에서 몇 년 동안 나무뿌리의 수액을 먹으면서 성장한다. 그러다가 종령유충終齡幼蟲이 되면 적당한 때에 땅 위로 출현한다. 그런 다음 나뭇가지로 올라가 마지막 탈피를 하고, 우화하여 성충이 된다.

노래하는 곤충이나 개구리의 특징을 이해하면 금

방 매미의 행동이 이상하다는 것을 눈치채게 된다. 노래를 부르는 행동은 자신의 위치를 포식자나 기생자에게 노출하는 것이므로 아주 위험한 행동이기 때문이다. 곤충이나 개구리에게 가장 위협적인 포식자는 단연 새이다. 새는 민첩하고 시력이 좋으며 소리도 잘 들을 수 있다. 그러므로 새들 앞에서 작은 동물이 노래를 부르는 것은 자살 행위에 가깝다.

무서운 새의 위협에 대처하여 노래하는 곤충이나 개구리는 주로 밤에 활동한다. 새가 주로 낮에 활동하므로, 야행성 생활 방식은 조류 포식자의 위협을 피할 수 있는 훌륭한 전략이다.

그런데 매미는 왜 하필 낮에 시끄럽게 노래할까? 새들이 전혀 무섭지 않은가? 아니면 정말 정신이 나간 건가? 사실 매미도 새들이 무척 두렵다. 그런데 매미가 취하는 포식자 방어 방법은 야행성 곤충과 전혀 다르다. 매미는 한꺼번에 아주 많은 숫자가 동시에 노래해서 순간적으로 포식자의 수를 압도하는 희석효과 전략을 취한다. 불과 2~3주의 짧은 기간에 엄청나게 많은 수가 우화하여 동시에 땅속에서 출현하고 번식하기에 가능한 일이다.

그뿐만 아니라 노래하는 행동도 서로 조율한다. 그래서 한 놈이 노래를 시작하면 바로 이웃하는 다른 수컷들도 노래를 따라 한다. 다시 말해 매미는 꼭 솔로로 노래하지 않고 합창으로 노래한다. 노래를 멈출 때도 마찬가지이다. 동시에 여러 마리가 노래하면 새들의 공격이 있더라도 대부분이, 특히 내가 생존할 확률이 높아진다. 그래서 매미는 땅속에서의 출현도, 노래 행동도, 심지어 죽음까지 동기화되어 있다.

그런데 땅속에 있는 매미의 약충은 어떻게 다른 매미들이 땅 위로 출현하는 것을 알고 동기화할까? 매미가 서로를 보지 않고도 동시에 출현할 수 있는 비밀은 여전히 자연이 던지는 수수께끼로 남아 있다.

가을

날갯짓에서 느끼는
도시의 맥박

꿀벌

괜시리 몸을 움츠리게 만드는 꿀벌의 날갯짓 소리이다.
이들의 뚜렷한 줄무늬와 색깔이 포식자에게 전하는 경고색이라면
날개를 유연하게 비틀며 내는 웅웅거림은 경고음이라 할 수 있다.
꽃가루를 매개해 식물의 번식과 풍작을 돕는 꿀벌의 소리는
도시의 활력마저 깨우는 살아 있는 맥박음이 아닐까?

웅~ 웅~

꿀벌의 날갯짓 소리를 들으면 괜히 몸을 움찔하게 된다. 꿀벌은 비행할 때 날개를 유연하게 비트는데, 이 때문에 날개에서 웅~ 웅~ 하는 소리가 난다. 꿀벌은 특히 벌통 근처에서 이런 소리를 내는데, 사실 이 소리는 포유류의 접근을 막기 위해 내는 경고이다.

벌이나 말벌은 뚜렷한 무늬와 색으로 치장하는 경우가 많다. 대표적인 것이 노란색이나 오렌지색 바탕에 나 있는 검은 줄무늬이다. 이렇게 뚜렷한 무늬와 색은 벌이나 말벌이 독침을 가지고 스스로의 몸을 방어할 수 있음을 잠재적인 포식자에게 경고해준다. 이때 포식자는 주로 사람이나 곰 같은 포유류이다.

꿀벌도 자세히 보면 경고색을 가지고 있다. 그러나 이들의 몸은 작고, 또 빠르게 비행하기 때문에 경고색이 포식자의 눈에 잘 띄지 않는다. 그래서 꿀벌은 경고색 말고도 일부러 경고음을 발생시켜 포식자에게 경고하는 것이다.

꿀벌은 꽃가루를 매개하며 많은 식물이 번식하게 하고 농사에도 큰 도움을 준다. 최근 꿀벌의 수가 급격히 감소하여 전 세계적으로 문제가 되고 있지만, 사실 꿀벌의 수를 유지하는 것은 간단한 발상의 전환으로 해결할 수 있는 길이 있다.

나는 도심의 잔디밭이 잡초밭이 되었으면 좋겠다. 잔디밭은 유지하는 데 비용이 많이 들고, 항상 관리해야 하며, 그 안에 사는 생물도 많지 않다. 그러나 잡초밭은 관리도 필요 없고, 따라서 유지비도 거의 들어가지 않는다. 그렇지만 늘 다양한 꽃이 피어 있고, 따라서 많은 야생동물의 보금자리가 된다. 도심 공원에 가보면 재배 품종으로 생산된 꽃들로 늘 조경되어 있다. 이런 재배 품종의 꽃은 야생화와 달리 번식 능력이 거의 없고, 따라서 꿀벌도 찾지 않는다.

이에 비해 건물을 타고 올라가는 담쟁이덩굴은 건물에 그늘을 드리운다. 게다가 담쟁이덩굴의 꽃은 잎 뒤에 숨어 있는데, 이 꽃이 꿀벌에게 맛있는 꽃꿀과 화분을 제공해준다. 그래서 담쟁이덩굴은 건물의 유지비도 낮추고, 꿀벌도 번성하게 해주며, 건물을 아름답게 해주기까지 한다.

잔디밭보다는 잡초밭, 재배 품종보다는 야생화, 그리고 담쟁이덩굴이 드리워진 건물이 있다면 꿀벌은 대도시에서도 충분히 살아갈 수 있다. 웅~ 웅~ 하는 꿀벌의 날갯짓 소리는 도시가 살아 숨 쉬는 맥박이다!

입추立秋 24절기의 열세 번째 절기로, 양력 8월 8일, 음력으로는 7월 무렵이며, 이때부터 여름이 지나고 가을이 시작된다고 한다. 이 무렵은 벼가 한창 익어가는 때여서 맑은 날씨가 계속된다. 입추가 지난 뒤에는 어쩌나 늦더위가 있기도 하지만 밤에는 서늘한 바람이 불기 시작해 이때부터 가을 준비를 시작한다.

배신과 모략이 판치는
맞선 전쟁

왕귀뚜라미

늦은 여름부터 들리기 시작하는 왕귀뚜라미의 노랫소리이다.
수컷 왕귀뚜라미가 앞날개를 비벼 노래를 생성하면
암컷은 마음에 드는 노래의 주인공에게 다가가 짝짓기를 한다.
이때 노래 경쟁에서 자신 없는 수컷들은 얌체 전략을 구사한다.
여름 풀밭에선 이처럼 권모술수가 판치는 맞선 전쟁이 한창이다.

늦은 여름부터 유난히 우리 귀에 잘 들리는 소리가 있다. 바로 왕귀뚜라미의 노래이다. 수컷 왕귀뚜라미는 앞날개를 서로 비벼서 노래를 생성하고, 암컷은 마음에 드는 노래를 부르는 수컷에게 다가간다. 짝짓기가 이루어진 후에는 암컷이 바늘 같은 산란관을 땅이나 모래에 꽂아 산란한다. 귀뚜라미의 짝짓기 행동을 보면 놀랄 만큼 치열하고, 또 배우지 를 얻기 위한 재미있는 전략이 펼쳐진다.

수컷이 노래를 부르면 수컷을 중심으로 일정한 거리 내에 있는 공간이 그의 영역이 된다. 만약 이 수컷의 영역에 다른 수컷이 와서 노래하면 두 수컷은 곧 충돌하게 된다. 보통 서로 노래를 이용하여 경쟁하다가 어느 한쪽

이 물러나는 경우가 흔하다. 그러나 두 수컷 간 노래 실력의 차이가 별로 없으면 물리적인 싸움으로 이어지기도 한다. 그러므로 어느 한 수컷이 노래하고 있으면 그 수컷은 적어도 그날 밤만큼은 그 공간에서 가장 우세한 수컷이라고 볼 수 있다.

그렇다면 신체적으로 불리하여 노래할 기회를 찾기 힘든 수컷은 짝짓기 기회가 영영 없는 것일까? 그렇지 않다. 경쟁 전략을 바꾸면 새로운 기회가 열린다. 신체적으로 불리한 수컷은 노래를 부르는 전략 대신 얌체 전략을 구사한다. 이들은 노래하는 수컷 근처에서 조용히 기다리고 있다가, 암컷이 노래하는 수컷의 소리를 따라 접근해 올 때 얼른 암컷을 가로챈다.

얌체 전략을 구사하는 수컷이 짝을 찾을 확률은 분명 노래하는 수컷의 확률보다 낮다. 그렇지만 노래를 부르는 행동이 많은 에너지를 소비하는 데 비해 얌체 수컷은 그런 에너지를 소비할 필요가 없다. 게다가 노래를 부르면 포식자나 기생자를 유인할 수 있는데, 얌체 수컷은 그런 걱정 또한 할 필요가 없다. 따라서 얌체 수컷은 노래하는 수컷 못지않게 번식에서 유리한 측면이 있다.

암컷도 양질의 배우자를 찾아서 멀리 가야 하는 수고로움을 마다하지 않는다. 이처럼 동물의 세계에서 배우자를 확보하는 경쟁은 생존 경쟁만큼 치열하다. 아무리 포식자나 기생자의 공격에 맞서 생존하더라도 배우자를 확보하지 못하면 자기 유전자를 후대에 전달하기 어렵기 때문이다. 귀뚜라미는 우리 발밑의 하찮은 존재일 뿐일 수 있지만 주변 다른 경쟁자들의 능력을 가늠하고, 거기에 맞춰 대응 전략을 펼칠 줄 아는 똑똑한 생물이기도 하다.

처서處暑 24절기의 열네 번째 절기로, 양력 8월 23일, 음력으로는 7월 15일 무렵 이후에 들며, 더위가 그친다는 '처서'의 뜻처럼 여름이 지나 선선한 가을을 맞이하게 되는 시기이다. "땅에서는 귀뚜라미 등에 업혀 오고 하늘에서는 뭉게구름 타고 온다.", "처서가 지나면 모기도 입이 비뚤어진다."라는 속담들처럼 서늘한 가운데 파리와 모기의 극성도 사라져가고 귀뚜라미가 하나둘 나오기 시작하는 시기이다.

유해야생동물과 멸종위기동물 사이에서

고라니

농수로에 빠져 어미를 찾는 새끼 고라니의 울음소리이다.
물을 좋아하고 물가 근처에 주로 서식해 물사슴으로도 불린다.
세계적인 멸종위기종이지만 한국에서만큼은 개체 밀도가 높아
작물 피해의 주범이자 농수로 실족 및 로드킬의 주 희생자이다.
인간의 생활과 늘 충돌하는 고라니의 삶이 안타깝게 다가온다.

먼저 들려오는 소리는 어미를 찾는 새끼 고라니의 소리이다. 새끼 고라니가 물이 찬 콘크리트 농수로에 빠져 있는데, 이미 빠진 지 시간이 꽤 지난 듯 움직이지도 못한다. 잘못하면 저체온증에 걸려 죽을 수도 있다.

구출하려고 새끼를 붙잡자 고통스러운 소리를 지른다. 다행히 어미 고라니는 멀지 않은 곳에 있었다. 간단한 응급처치가 끝나고, 새끼는 어미에게 돌아갔다. 콘크리트 농수로는 야생동물에게는 죽음의 덫이다.

우리나라 고유의 사슴인 고라니는 물사슴이라고도 한다. 물을 좋아하고 물가 근처에서 주로 생활하기 때문이다. 폭이 넓은 강이나 호수를 유유히 유영하며 건너고,

그런 다음 뒷발길을 높이 하며 뛰어 달아난다.

수컷 고라니는 멋진 뿔은 없지만 입 밖으로 길게 삐져나온 엄니가 있다. 이런 엄니를 이용하여 경쟁자 수컷을 위협하기도 한다. 그러나 고라니가 경쟁자를 압도하는 방법은 따로 있다. 영역을 침범한 다른 고라니나 사람 같은 위협 요인에게 컹~ 컹~ 하며 내지르는 것이다. 고라니는 주로 밤에 활동하기 때문에 이런 소리도 주로 밤에 듣게 되는데, 그래서 그런지 소리를 들은 사람들 대부분이 섬뜩하다고 느낀다.

한반도와 중국에 걸쳐 분포하는 고라니는 계속해서 그 수가 줄어들고 있어 국제적인 멸종위기동물로 지정되어 있다. 그러나 전 세계 고라니의 90%가 살고 있는 우리나라에서는 예외적으로 개체 밀도가 점점 높아지고 있다. 그래서 고라니는 국제적으로 보호받지만, 우리나라에선 유해조수이다.

우리나라에서 고라니가 천대받는 가장 주된 이유는 밭작물을 마구 파헤쳐 먹기 때문이다. 몇 달 동안 구슬땀을 흘리면서 작물을 재배했는데, 수확이 코앞일 때 한밤

중에 고라니가 미리 알고 밭을 다녀간다. 그래서 고라니는 농부의 원성을 자주 사게 된다.

고라니는 로드킬로 가장 많이 희생당하는 야생동물이기도 하다. 고라니 새끼는 보통 5월이나 6월에 태어나서 1년 정도 어미와 같이 지낸다. 그 후 고라니 새끼는 독립하기 위해 어미 곁을 떠나 새로운 장소로 떠나는데, 이때 로드킬을 많이 당한다.

도로에서, 농수로에서, 그리고 밭에서 고라니의 삶은 인간의 생활과 늘 안타깝게 충돌한다.

백로白露 24절기의 열다섯 번째 절기로, 양력 9월 9일, 음력으로는 8월경에 들며, 가을이 본격적으로 시작하는 시기이다. '백로'는 흰 이슬이라는 뜻인데, 이때쯤이면 밤에 기온이 이슬점 이하로 내려가 풀잎이나 물체에 이슬이 맺힌다는 데서 유래한다. 이 무렵부터 가을의 기운이 완연히 나타나며, 장마가 걷힌 후여서 맑은 날씨가 계속된다.

물길의 여러 가지 얼굴들

계곡과 하천

늦더위가 채 가시지 않은 계절,
계곡의 하천에서는 상쾌하게 물 흐르는 소리가 들려온다.
유속이 빠른 구간, 완만한 구간, 또 느린 구간, …
구간들의 반복으로 형성되는 하천의 얼굴은 늘 변화무쌍하다.
언젠가 계곡을 찾는다면 하천이 들려주는 여러 물소리를 듣고,
그곳에서 살아가는 다양한 생물들을 찾아보기 바란다.

쏴! 치이이! 쫄쫄!

계곡의 하천에서 물이 흐르는 소리이다. 우리나라 하천은 '여울', '소', 그리고 '흐름'이 반복된다. 여울에서는 물이 빠르게 흐르고 침식작용이 활발히 일어난다. 소는 물이 정체되어 퇴적물이 쌓이는 구간이다. 그리고 소와 여울 사이에서 물이 완만하게 흐르는 구간을 흐름이라 한다.

물이 많으면 여울은 작은 폭포를 형성한다. 흐름에서는 바닥의 돌이 구르는 소리까지 들리고, 바위를 삥 돌아간 물살은 소용돌이를 일으키기도 한다.

물이 암반을 지나가면 바닥을 침식한다. 그런데 암

석이라도 약한 부분이 있고 단단한 부분이 있어, 물이 흘러가면 약한 부분이 먼저 침식되고 단단한 암석은 남는다. 이런 곳에서 여울이 생성되는데, 여울은 얕고 물살이 바위에 부딪혀서 공기와 쉽게 섞인다. 그래서 여울을 지나는 물에는 산소가 풍부하게 있다.

여울에서 살고 있는 생물은 빠른 물살에 떠내려가지 않도록 바위나 돌에 잘 붙어 있어야 한다. 부착조류가 이런 곳에 많은데, 이들은 풍부한 산소와 따가운 햇살을 이용해 광합성을 할 수 있다. 여울에는 강도래와 날도래 약충이 바위 밑에서 생활하고, 이 수서곤충水棲昆蟲을 먹는 쉬리와 같은 물고기도 있다.

흐르는 물이 하천의 바닥이나 기슭의 흙을 침식하면 부드러운 곡선 모양의 소가 만들어진다. 이곳은 깊고 넓으므로 물의 흐름이 느리고, 그래서 다양한 유기물이 가라앉는다. 또 모래도 이런 곳에 주로 쌓인다. 소에는 달팽이, 민물조개, 가재와 같은 동물들이 있다. 납자루나 붕어와 같은 물고기는 천천히 흘러가는 물속에서 휴식도 취할 수 있고, 이곳에 있는 풍부한 유기물에 몸을 숨길 수도 있다.

지반에 물이 흘러가면 '여울-소-흐름'은 자연스럽게 만들어진다. 그리고 이들의 반복으로 구성되는 하천은 그 형태가 고정되지 않고 늘 바뀐다. 그 결과 우리나라의 하천은 구불구불하고, 수량이 늘 변하며, 유속이 장소마다 다르게 된다. 이것이 살아 있는 하천의 가장 중요한 속성이고, 그래서 하천에 다양한 서식지가 만들어지며 다양한 생물이 살아갈 수 있는 것이다.

언젠가 작은 계곡을 찾아가게 된다면 여울, 소, 흐름에서 각기 다른 물소리를 즐겨보기 바란다.

추분秋分 24절기의 열여섯 번째 절기로, 양력 9월 23일, 음력으로는 8월 무렵에 들 때이다. 춘분부터 밤낮의 길이가 같은 시기에 접어들지만, 기온은 여름 더위가 아직 남아 있어 추분이 10도가량 더 높다. 이 시기에는 벼락이 사라지고 태풍이 불며, 벌레는 땅속으로 숨고 물이 마르기 시작한다. 농가에서는 이 절기를 즈음하여 가을걷이를 시작한다.

인류의 유전자에 각인된 가을 정취

방울벌레

방울처럼 아름다운 소리를 내는 방울벌레의 노래이다.
이들은 귀뚜라미의 한 종류로,
인간이 청음 가능한 주파수 대역에서 맑은 순음으로 노래한다.
깊어가는 가을밤, 이들의 노랫소리에서 느껴지는 흥취는
어쩌면 태곳적부터 인류의 유전자에 각인되어온 것이 아닐까?

방울벌레의 노래는 우리나라에서 가장 아름다운 곤충 소리 중 하나로 손꼽힌다. 방울 같은 소리로 노래한다고 하여 방울벌레라 이름 붙었지만, 사실 방울벌레는 귀뚜라미의 한 종류이다. 방울벌레뿐 아니라 우리의 심금을 울리는 많은 풀벌레 소리가 대부분 귀뚜라미의 노래이다. 왜 우리는 가을에 노래하는 많은 곤충 중에서도 유독 귀뚜라미의 노래를 좋아하는 걸까?

가을에 노래하는 풀벌레로는 귀뚜라미, 여치, 메뚜기 등이 있다. 그중에서도 귀뚜라미의 노래는 마치 피아노의 건반 하나에서 나오는 소리처럼 순음에 가까워 다른 풀벌레 소리보다 뚜렷하게 들린다. 귀뚜라미는 주로 가을에 출현하고, 또 주로 밤에 노래하기 때문에 이들의 노래는 오랫동안 깊어가는 가을 밤 정취 속에서 사람들의 심금을 울려왔다.

귀뚜라미와 다른 풀벌레는 노래하는 장소에서 차이가 있다. 여치는 주로 풀 위나 관목에서 노래하지만 귀뚜라미는 지면에서 노래한다. 검은색 또는 회색을 띠는 귀뚜라미의 체색體色을 보면 지면 생활에 어울린다는 것을 확인할 수 있다.

사실 지면에서 생성된 소리는 전달이 잘 되지 않는다. 수컷이 노래를 생성하면 일부 소리는 직접 암컷에게 전달되지만, 또 다른 일부 소리는 지면에 부딪혀 반사된다. 그럼 직접 전달되는 소리와 반사되는 소리가 서로 간섭을 일으키고 소리의 세기는 급속하게 약해진다.

귀뚜라미는 이 문제를 어떻게 해결할까? 순음이면서 3000~6000 헤르츠에 달하는 주파수의 음을 사용해 소리의 간섭을 회피하는 방법을 사용한다. 이 주파수 대역에서는 간섭이 최소화되어, 귀뚜라미는 지면에서도 소리를 이용한 의사소통을 할 수 있게 된다. 이에 비해 다른 곤충의 소리는 귀뚜라미의 주파수 대역보다 훨씬 높은 주파수의 소리를 생성하기 때문에 노래를 열심히 하더라도 인간의 귀에는 잘 들리지 않는다. 덕분에 우리는 귀뚜라미 노래만 편애하게 되었다.

귀뚜라미는 주로 벌판에 있는 풀밭에서 서식하는 것을 선호한다. 우리 인간도 이런 공간에서 살아가길 좋아한다. 다시 말해, 귀뚜라미와 인간은 서식지를 공유해온 셈이다. 아마 우리 인류는 처음 지구 위를 걸었던 순간부터 귀뚜라미 소리를 들었을 것이다. 그러고 보면 우리가 귀뚜라미의 노랫소리에서 느끼는 흥취란, 어쩌면 먼 인류의 조상부터 유전자에 각인되어 내려온 것인지도 모른다.

한로寒露 24절기의 열일곱 번째 절기로, 양력 10월 8~9일 무렵이 입기일이다. 찬 이슬이라는 뜻처럼 공기가 차츰 선신해져서 맺혀 있던 이슬이 찬 공기를 만나 서리로 변하기 직전의 시기를 가리킨다. 여름철 꽃보다 가을 단풍이 짙어지고, 제비 같은 여름새와 기러기 같은 겨울새가 교체되는 시기이다. 이 시기 농촌에서는 기온이 더 내려가기 전에 추수를 끝내야 하므로 오곡백과를 수확하려는 타작이 한창이다.

1가구 2주택은 필수 사항

가을 청개구리

가을 숲 나무 옹이에 숨어 노래하는 청개구리의 소리이다.
이들은 습지에서 숲으로, 다시 숲에서 습지로 이동하며 살아간다.
청개구리는 습지에서 노래를 부르고 번식 활동을 하며,
숲에서는 일광욕을 하고 먹이를 잡아먹는다.
청개구리가 잘 살아갈 수 있는 환경을 만들어주기 위해
두 서식지와 이주 경로를 모두 잘 보전하려는 노력이 필요하다.

가을에 산을 걷다 보면 가끔 이런 소리를 듣는다. 분명 나무 위에서 나는 소리인데, 소리의 주인공은 누구일까? 멀리 넓은 들판은 벼가 누렇게 익어 황금빛으로 물들어 있고, 일부 논에서는 콤바인이 지나가며 수확을 시작하고 있다. 산은 단풍이 들어 울긋불긋하고, 몇몇 나무는 이미 낙엽이 떨어지기 시작했다.

소리의 주인공은 청개구리이다. 청개구리의 서식지가 어디냐고 물으면 흔히 습지라고 답하는데, 이는 불충분한 답변이다. 청개구리는 습지에서 노래를 부르고 산란하고, 알과 올챙이도 습지에서 성장하는 것은 사실이다. 그러나 어른 청개구리가 번식하는 기간은 1년 중 몇 달 뿐이고, 나머지 시간은 습지에서 벗어나 숲속에서 생활한다.

여름이나 가을에 숲에 가서 커다란 나무에 난 구멍을 잘 살펴보면 그 안에 숨어 있는 청개구리를 종종 볼 수 있다. 촉촉하고 어두운 나무 옹이는 청개구리가 숨어 있기에 최적의 장소이다. 청개구리는 발가락 끝에 흡판이 있어 다른 개구리 종류와는 달리 나무를 쉽게 올라갈 수 있다. 그리고 나무에서 일광욕도 하고, 먹이도 잡아먹고, 휴식도 한다.

청개구리가 숲과 습지와 같이 다양한 서식지를 모두 이용한다는 사실은 이들의 변색 능력과 검은색 무늬로도 알 수 있다. 나무줄기나 흙과 같은 장소에 오래 있었으면 주로 갈색이나 옅은 고동색을 띤다. 그러다가 초록 풀밭으로 오면 금세 녹색으로 체색이 바뀐다. 또 얼룩덜룩한 검은 무늬는 복잡한 배경 환경 속에서 청개구리의 윤곽이 잘 드러나지 않게 하는 효과가 있다. 청개구리의 변색과 얼룩덜룩한 무늬는 새와 같은 시각 포식자에 대하여 방어 효과를 지닌다.

이들은 번식기와 비번식기 때 살아가는 장소가 서

로 다르다. 번식기 때에는 주로 습지에서 지내지만, 비번식기 때에는 주로 숲에서 시간을 보낸다. 그러므로 동면에서 깨어나면 숲에서 습지로 이주해야 하고, 반대로 번식이 끝나면 습지에서 산으로 이주해야 한다.

청개구리는 습지나 인근의 산 중 하나만 파괴돼도 살아갈 수가 없다. 이주 도중에 로드킬을 당하기도 한다. 따라서 청개구리가 잘 살아갈 수 있는 환경을 만들어주기 위해 번식기와 비번식기의 서식지, 이주하는 경로까지 같이 보전하려는 노력을 기울여야 할 것이다.

상강霜降 24절기의 열여덟 번째 절기로, 양력 10월 23일 무렵, 음력으로는 9월에 들 때이다. '상강'은 서리가 내린다는 뜻이며, 그 뜻처럼 이 시기에는 수증기가 지표에서 엉겨 서리가 되고 온도가 더 낮아져 첫얼음이 얼기도 한다. 가을의 쾌청한 날씨가 계속되는 대신에 밤 기온이 매우 낮아지며, 단풍은 절정에 이르고 국화도 활짝 피는 늦가을의 계절이다.

겨울

뭉쳐야 산다

붉은머리오목눈이

붉은머리오목눈이가 무리의 결속을 다지는 소리이다.
이들이 이처럼 삐이이- 삐이이- 소리를 지르는 이유는
자신의 위치를 알려서 서로 뭉쳐
포식자를 피하고 먹이를 찾으려는 것이다.
이렇게 동료와 힘을 합쳐 무슨 일이든 함께하는 것은
작은 새들이 춥고 긴 겨울을 나는 최고의 방법이라 할 수 있다.

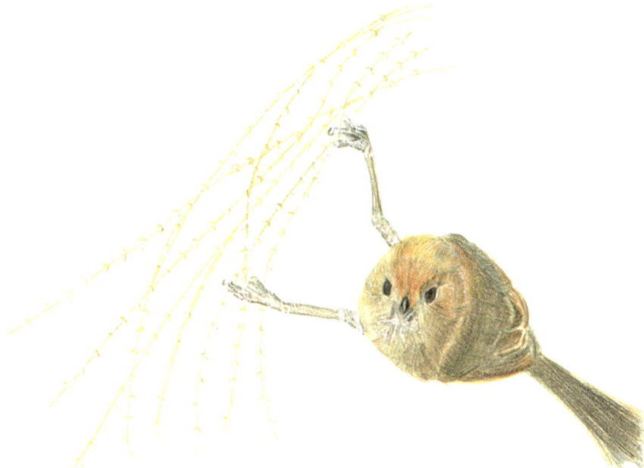

겨울에 덤불이나 관목에서 재잘거리는 일단의 새들이 있다면 아마 무리 생활을 하는 붉은머리오목눈이일 것이다. 부리에는 깃털에 싸여 있는 억새의 씨앗이 물려 있다. 어떤 녀석은 자신의 위치를 알리기 위해 삐이이- 삐이이- 소리를 지르고 있다.

황새 따라가다 가랑이가 찢어진다는 뱁새가 바로 이 새이다. 속담에서 의미하듯이 붉은머리오목눈이는 작은 새이다. 부리는 아주 짧고 전반적으로 동글동글하지만 꼬리가 매우 긴 새이다. 그래서 붉은머리오목눈이가 방향을 틀 때마다 긴 꼬리가 휙휙 돌아간다.

붉은머리오목눈이 둥지에는 이따금 뻐꾸기가 알을

낳기도 한다. 그러면 붉은머리오목눈이는 자기 새끼 대신 뻐꾸기 새끼를 키운다. 흔히 타인이 저지른 얌체 짓의 희생양이 되어왔음을 깨달았을 때 우리는 "뻐꾸기 새끼를 키웠다"고 말하는데, 이러한 새들의 습성에 빗대어 표현하는 재미있는 관용구라 할 수 있다.

가을에 잎들이 떨어지고 풀들이 말라가면 붉은머리오목눈이의 둥지가 드러나기 시작한다. 잎과 풀이 무성했으면 찾지 못했을 장소이다. 약간 굵은 나뭇가지로 모양을 잡고, 지푸라기를 둘둘 둘러맨 작은 단지 모양의 둥지이다. 안쪽에는 실 같은 가는 풀이 풍성하게 있어 꽤 푹신해 보인다. 그동안 비도 자주 오고 바람도 꽤 불었을 텐데 아직 모양을 유지하고 잘 붙어 있다.

봄에서 여름까지 붉은머리오목눈이 부부는 관목, 풀숲, 덤불, 갈대밭 등에서 둥지를 짓고 번식을 한다. 이때 붉은머리오목눈이는 서로 가까운 거리를 유지하지만 떼로 몰려다니지는 않는다. 그냥 각 둥지마다 붉은머리오목눈이 부부가 저마다 자식들을 양육하느라고 바쁠 뿐이다.

붉은머리오목눈이는 번식기에는 짝을 지어 개별적

으로 행동하지만, 온도가 떨어지기 시작하면 서로 뭉친다. 겨울에는 나무줄기만 앙상해 관목 안이 그대로 포식자에게 노출된다. 또 겨울은 작은 새들이 먹이를 찾기 어려운 시간이기도 하다. 무리를 지어 몰려다니면 포식자를 발견하기도 쉽고, 먹이를 찾기도 쉬워진다. 이때 무리의 대형을 유지하고 정보를 교환하기 위해서 붉은머리오목눈이는 끊임없이 소리를 내보낸다.

혼자였다면 녹록지 않았을 춥고 험난한 겨울을, 붉은머리오목눈이는 동료와 함께하여 안전하게 보낼 수 있게 되는 것이다.

입동立冬 24절기의 열아홉 번째 절기로, 양력 11월 7~8일 무렵, 음력으로는 10월에 들 때이며 이날부터 겨울이 시작된다고 한다. 이즈음 동면하는 동물들은 땅속에 굴을 파 숨고, 산야의 나뭇잎은 떨어지며 풀들은 말라간다. 요즘 온난화로 김장철이 조금씩 늦어지고 있긴 하지만 예부터 입동을 전후해 5일 내외에 담근 김장이 맛이 좋다고 했다.

안전과 삶의 질을 좌우하는 가정교육

재두루미

아빠 재두루미가 가족과 식사 중 주변을 경계하며 내는 소리이다.
재두루미는 시베리아에서 우리나라를 찾아오는 겨울 철새로,
휴전선 근처의 논과 같이 탁 트인 장소에서 월동한다.
이들은 가족 단위로 무리 지어 다니며
부모가 새끼에게 생존에 필요한 기술들을 전수한다.
새끼 재두루미의 건강한 삶 뒤에는 부모의 보살핌이 늘 자리한다.

뚜르 뚜르 뚜르~

아빠 두루미가 주변을 경계하며 조용하게 외친다. 머리를 지면으로 향하고 열심히 먹이를 찾던 엄마와 새끼들은 고개를 들어 주위를 살핀다. 그러다가 아무 일도 없자 두루미들은 얼어붙은 논에서 또다시 먹이를 찾기 시작한다.

만약 위협 요인을 발견하면 다시 한 번 경고음이 켜진다. 그러면 두루미 가족은 모두 긴장하면서 언제든지 이륙할 준비를 한다. 두루미는 큰 키와 상당한 몸무게 때문에 제자리에서 그대로 비행할 수 없다. 이들은 비행기처럼 몇 발자국 달려서 도움닫기를 해야만 하늘을 날아오를 수 있다. 그래서 항상 주변이 탁 트인 넓은 장소에서 먹이 활동을 한다. 그리고 큰 키를 이용하여 예리하게 주변을 살핀다. 가능하면 포식자를 멀리서 포착하여 이륙할 수 있는 충분한 시간을 벌기 위해서이다.

두루미는 월동을 위해 멀리 시베리아에서 우리나라를 찾는 겨울 철새이다. 재두루미가 월동하는 휴전선 근처는 겨울에 정기적으로 영하 10도 아래까지 떨어지는 추운 곳이지만, 겨우내 안전하게 지내고 먹이만 충분히 찾는다면 무사히 그 이듬해에 다시 북쪽으로 이주할 수 있다.

두루미는 가족 단위로 생활한다. 일정한 간격을 두고 어떤 논에는 네 마리, 또 어떤 논에서는 세 마리 또는 두 마리가 먹이 활동을 한다. 한 논에 두 마리의 재두루미만 있으면 이들은 아마 번식에 실패한 부부일 것이다. 성공적으로 한두 마리의 새끼를 키웠다면 서너 마리의 재두루미 가족을 형성하여 함께 다니게 된다.

새끼는 벌써 부모만큼 크지만, 엄마 아빠는 아직 새끼들이 미덥지 않다. 이들이 추운 겨울을 무사히 나기 위해서는 아직도 많은 생존 기술을 익혀야 한다. 새끼들의 머리 뒤에 있는 갈색 털이 아직 이들이 미숙한 존재임을 알려준다. 새끼들은 열심히 엄마 아빠의 뒤를 따라다니며 부모의 모든 행동을 놓치지 않고 학습한다.

먼저 아무것도 없어 보이는 황량한 겨울 들판에서 낟알, 식물의 뿌리, 다슬기, 물고기 등 먹이를 찾는 방법을 배워야 한다. 이웃하는 다른 두루미 가족과 영역을 설정할 줄도 알아야 한다. 밤 동안 무사히 보낼 수 있는 잠자리 터도 찾을 수 있어야 한다. 무엇보다 사람이나 포식자를 구별하고 피할 줄 알아야 한다. 이렇게 부모의 살뜰한 보살핌 아래 건강하고 야무진 새끼 재두루미의 인생이 펼쳐질 수 있는 것이다.

소설小雪 24절기의 스무 번째 절기로, 양력 11월 22~23일 무렵, 음력으로는 10월에 들 때이다. 이 시기에 첫눈이 내린다고 하여 '소설'이라 하는데, 평균 기온이 5도 이하로 내려가면서 첫 추위가 찾아오기 때문에 겨울 채비를 하지만 아직 한겨울에 든 것은 아니고 따뜻한 햇살이 비쳐서 '소춘小春'이라 하기도 한다.

작은 고추가 맵다

때까치

먹잇감을 사냥하는 때까치의 소리이다.

때까치의 외양은 참새를 닮아 마냥 작고 귀엽다.

하지만 그 기질과 특성은 맹금에 필적할 만큼 사나워,

무시무시하게 먹잇감을 잡고

자랑스레 가시에 고정시켜 진열하기도 한다.

이들은 왜 이런 행동을 할까?

때까치의 소리이다. 산개구리를 사냥한 후 쾌재를 부르는 소리 같다.

때까치를 언뜻 보면 참새보다 좀 더 커서 비교적 작고 귀여운 새 정도라고 생각한다. 그런데 이 녀석의 부리를 보면 마치 맹금의 부리처럼 윗부리 끝부분이 아래로 휘어 있다. 때까치와 맹금의 유사성은 여기서 그치지 않는다.

때까치는 곤충은 기본이고 개구리, 도마뱀, 뱀, 쥐는 물론 다른 작은 새까지 사냥할 수 있다. 덩치가 사기보다 크더라도 절대 물러서지 않는다. 먼저 먹잇감의 목 부위를 끝이 굽은 부리를 이용하여 단단하게 움켜잡는다. 그런 다음 격렬하게 먹이를 양옆으로 아주 빠르게 흔든다. 무려 1초에 11번 정도의 가속도로. 그 결과 먹잇감은 목뼈가 부러져서 죽게 된다.

먹잇감을 멋지게 사냥했지만 그것을 먹는 일도 그리 쉽지는 않다. 맹금은 주로 강하고 날카로운 발톱을 이용하여 먹잇감을 고정하고 난 후 살점을 뜯어 먹을 수 있다. 그런데 때까치의 발톱은 맹금처럼 강하지 못해 먹잇감을 고정할 수 없다. 대신 때까치는 기발한 방법으로 이 문제를 해결한다.

먼저 먹잇감을 아까시나무의 가시나 철조망의 튀어나온 철사와 같은 날카로운 물체에 푹 찔러서 고정시킨다. 그런 다음 때까치는 맹금과 같이 먹잇감의 살점을 발라 먹는다. 그런데 이처럼 먹잇감을 날카로운 물체에 꽂아서 고정하는 행동은 이들의 짝짓기에도 사용된다.

수컷은 잡은 먹잇감을 날카로운 가시에 고정시켜 일종의 광고로 사용할 수 있다. 지나가던 암컷들이 그 먹잇감을 보고 수컷의 사냥 능력을 평가하게 된다. 암컷이 알을 낳고 양육을 하는 데 있어서 수컷의 사냥 능력은 성공적인 번식을 보장하는 척도가 되기 때문이다.

사냥한 먹잇감을 가시에 고정하는 행동은 다시 저장 행동으로 이어진다. 가을이 되면 때까치는 잡은 사냥감을 영역 여기저기에 고정해서 저장해둔다. 그리고 이것은 춥고 긴 겨울을 보내는 데 필요한 식량이 된다. 이처럼 마냥 작고 귀여워 보이는 때까치이지만 그 행동은 맹금에 필적한다.

대설大雪 24절기의 스물한 번째 절기로, 양력 12월 7~8일 무렵, 음력으로는 11월에 들 때이다. '대설'은 큰 눈이 내린다는 의미이지만, 재래 역법의 발상지이자 기준 지점인 중국 화북지방의 계절적 특징을 반영한 절기이기 때문에 우리나라에서 이 시기 적설량이 반드시 많은 것은 아니다. 하지만 농가에서는 대개 이때를 동지와 함께 한겨울로 보고 일 년을 마무리하며 새해맞이를 준비한다.

소통의 기술이
곧 리더십의 비결

쇠기러기

쇠기러기 무리가 편대비행을 할 때 내는 소리이다.
이들은 매해 월동을 위해 먼 북극해에서 우리나라를 찾아온다.
춥고 거칠기만 한 우리나라의 겨울이지만,
이들에게는 풍부한 먹이를 얻고 휴식과 충전을 하는 시간이 된다.
V자 형태로 편대비행을 하며 무리 지어 다니는 쇠기러기들에게
가장 중요한 리더십과 생존의 기술은 바로 소통으로부터 나온다.

쇠기러기가 편대비행을 할 때 내는 소리이다.

쇠기러기는 멀리 북극해에 가까운 툰드라 지역에서 번식하고, 우리나라에는 월동하기 위해 찾아오는 겨울 철새이다. 한겨울에는 우리나라도 툰드라 못지않게 춥고 거칠지만, 이들은 툰드라에서는 찾을 수 없는 아주 중요한 것을 우리나라에서 찾을 수 있다. 바로 먹이이다. 먹이만 끊임없이 조달할 수 있다면 우리나라의 긴 겨울은 쇠기러기에게 충분한 휴식과 충전의 시간이 될 수 있다.

추수를 마친 논이 넓게 펼쳐져 있는 곳이라면 기러

기 떼가 먹이를 먹고 있는 모습을 쉽게 발견할 수 있다. 이곳에서 쇠기러기는 논 위의 낙곡을 먹기도 하고, 식물의 뿌리나 잎을 먹기도 한다. 식사를 마치면 기러기들은 하룻밤을 보내기 위해 강이나 호수와 같은 시야가 확보된 곳에서 유숙한다. 그래서 겨울철에 들판을 걷다 보면 잠자리터에서 먹이터로, 또는 먹이터에서 잠자리터로 V자 모양의 편대비행을 하며 이동하는 쇠기러기 무리를 자주 볼 수 있다.

V자 편대비행은 비행의 효율과 관련이 있다. 툰드라에서 우리나라까지의 장거리 비행은 에너지가 많이 필요하고 길을 잃기도 쉬운 위험한 행동이다. 그래서 쇠기러기뿐 아니라 백조나 오리와 같은 새들은 장거리 비행에 따르는 위험을 줄이기 위해 편대비행 행동을 진화시켰다.

편대비행하는 무리의 제일 앞에 있는 새는 공기의 흐름을 갈라놓는다. 특히 날개 끝에서 만들어지는 공기의 흐름이 상승기류를 만든다. 이때 뒤따라오는 새들이 앞서 가는 새가 만들어 놓은 상승기류에 올라타면 자신의 몸무게를 지탱할 수 있고, 따라서 훨씬 수월하게 비행할 수 있다. 그러나 가장 선두에서 나는 새는 가장 막중한 책임감과 수고로움을 감당해야만 한다. 그래서 이들은 의사소통을 통해 선두의 새가 지쳤을 때 위치를 바꾸고, 편대를 유지해가며 비행한다. 겨울 철새들이 원활하게 편대비행을 할 수 있는 힘은 바로 이처럼 끊임없는 의사소통에서 나오는 것이다.

동지冬至 24절기의 스물두 번째 절기로, 양력 12월 22~23일 무렵이다. '동지'는 겨울에 이르는 때를 뜻하며, 북반구에서는 일 년 중 낮이 가장 짧고 밤이 가장 긴 날이다. 음기가 극성한 가운데 양기가 새로 생겨나는 때이므로 이날을 일 년의 시작으로 간주해 설 다음가는 '작은 설'로 대접하고, 민간에서는 팥죽을 쑤어 먹는다. 또한 날씨가 춥고 밤이 길어 호랑이가 교미한다고 하여 '호랑이 장가가는 날'이라고도 한다.

혼밥보다 함께가 좋은 이유

직박구리

산수유나무에서 동료를 부르는 직박구리의 소리이다.
직박구리를 비롯해, 새들은 신선한 음식이 부족한 겨울철
나뭇가지에 달린 열매에 의존하여 먹이를 조달한다.
이들의 배설물 속 열매 씨앗은 각지로 퍼져 새 생명을 꽃피운다.
이들이 함께 먹자고 동료를 부르는 이유는 공존의 배려이기도,
또 돌아가며 망꾼 역할을 하려는 상생의 전략이기도 하다.

삐이이익~ 삐이이익~

직박구리가 빨간 열매가 잔뜩 있는 산수유나무에서 동료를 부르는 소리이다. 그 아래에는 올해 태어난 직박구리 유조幼鳥가 나무의 꼬투리를 먹고 있다.

직박구리는 먹이를 발견하면 동료를 부른다. 동료를 배려하는 마음에서일까? 아니면 다른 의도가 있을까?

겨울은 새들을 관찰하기 좋은 시간이다. 앙상한 나뭇가지만 남아 있어서 새가 숨기 어렵기 때문이다. 새들은 어느 정도 안전한 높이와 거리를 확보하기 전에는 이렇게 노출된 장소에서 활동하는 것을 꺼린다. 그렇지만 위험이 있더라도 새들이 나뭇가지를 방문해야 할 이유가 있다.

신선한 음식이 부족한 겨울에 새들은 나뭇가지에 달린 열매에 의존해서 먹이를 조달한다. 산수유나무, 헛개나무, 회화나무, 때죽나무 등 직박구리가 먹을 수 있는 열매가 달리는 나무는 수십 종이다. 겨우내 직박구리는 나무 열매를 찾고 먹으면서 돌아다닌다. 그리고 모든 동물이 그렇듯이 먹이에서 필요한 영양분을 섭취한 후 나머지를 배설한다.

직박구리의 배설물에는 열매의 씨앗이 있고, 이 씨앗은 배설물과 함께 새로운 장소에 떨어진다. 매일 이동하는 직박구리의 움직임에 따라 함께 이동한 씨앗은 원래의 나무에서 수백 미터 이상 떨어진 곳에 정착한다. 직박구리가 식물의 씨앗을 멀리 분산시켜주는 셈이다. 게다가 직박구리의 소화기관을 거친 씨앗은 훨씬 더 잘 발아한다.

직박구리는 열매를 발견하면 같이 식사하기 위해 동료를 부른다. 분명 동료를 배려하는 마음이 있을 것이다. 그러나 동료와 나누기 힘든 먹이라면, 또는 딱 하나만 있는 먹이라면 이기심이 발동해 동료를 부르지 않을 것이다. 겨울에 열매를 맺는 나무에는 열매가 아주 많이 열린다. 이처럼 동료와 나누어도 충분히 먹을 수 있을 만큼 먹이가 확보되었을 때 직박구리의 배려심도 등장한다.

이들이 먹이를 보면 동료를 부르는 중요한 이유는, 열매를 먹고 있을 때 갑자기 포식자가 나타날 경우의 위협에 대비하기 위한 것이다. 여럿이서 같이 먹이 활동을 하면 항상 누군가가 망을 봐줄 수 있다. 그래서 직박구리를 포함해 많은 새가 겨울에 무리를 지어 생활한다.

최근 기온이 상승하면서 직박구리의 분포 범위가 점점 북쪽으로 확장되고 있다. 이들의 분포 범위가 확장되는 이유 역시 바로 이 무리 생활에서 찾아볼 수 있다. 무리 생활은 예측하기 어렵고 힘든 시간을 극복할 수 있게 하여, 새로운 지역에서도 생존 가능성을 높여주기 때문이다.

소한小寒 24절기의 스물세 번째 절기로, 양력 1월 5일 무렵, 음력으로는 12월에 해당한다. '소한'은 작은 추위라는 뜻이며 '정초한파正初寒波'라 불리는 강추위가 몰려오는 시기이다. 대설처럼 중국 황하 유역을 기준으로 한 절기이기 때문에 우리나라와는 차이가 있어, 실제 우리나라의 경우 "대한이 소한의 집에 가서 얼어 죽는다."라는 속담이 있을 정도로 이 무렵에 가장 큰 추위가 찾아온다.

하늘이 지어준 솜이불

겨울 눈

겨우내 온 세상을 새하얗게 물들인 눈을 밟는 소리이다.

겨울은 사계의 리듬을 고양하고 비옥한 토양을 선사하는 계절로,

특히 우리나라와 같은 온대지방은 길고 추운 겨울을 난다.

작은 동물들은 겨우내 부패한 낙엽층과 토양에 묻혀 월동한다.

이때 대기의 찬 기운과 바람이 이들에게 닿지 않도록

대지 위에 쌓인 하얀 눈이 보호막이 되어 이들을 덮어준다.

눈을 밟는 소리이다. 우리나라와 같은 온대지방의 가장 중요한 특징은 길고 추운 겨울이며, 눈은 그 겨울 풍경을 압도한다. 겨울 동안 식물은 성장이 멈추어 있고, 대다수 동물은 활동하기 어렵다. 그렇지만 겨울은 온대지방에 계절의 리듬을 주고, 비옥한 토양을 선사하는 계절이다.

가을이 오면 나뭇잎이 떨어지고 식물의 잎이 말라간다. 잎이 사시사철 푸른 비늘잎나무도 짧아지는 낮 길이에 맞춰 모든 대사 활동을 대폭 낮춰서 휴지상태로 들어간다. 지표면에 떨어진 나뭇잎은 바로 부패하지 않는다. 곧이어 닥치는 추운 겨울 동안 나뭇잎의 부패는 아주 천천히 일어난다.

겨울이 지나고 새해를 맞이하며 온도와 습도는 점점 올라가기 시작한다. 여기에 맞춰 지표면에 떨어진 나뭇잎의 부패도 빠르게 일어난다. 그러다 다시 겨울이 찾아오고, 그러면 부패 속도는 둔화한다. 온대지방에서 한 해 동안 지표면에 떨어진 나뭇잎이 완벽히 부패하여 토양에 유기물로 녹아들 때까지는 보통 4~6년이 걸린다. 그 결과 온대지방의 토양은 두꺼워지고, 유기물 함량이 50%에 이르는 대단히 비옥한 토양이 된다. 그리고 이러한 토양은 작은 동물들이 무사히 월동하는 데 큰 역할을 한다.

많은 작은 동물에게도 겨울은 힘든 시간이다. 추위에 잘 견디는 알 상태로 월동을 하기도 하고, 외부의 낮은 온도와 가장 절연된 장소를 찾아 겨울을 보내기도 한다. 이때 작은 동물들이 가장 빈번하게 월동하는 장소로 찾는 곳이 낙엽층과 토양이다. 그러나 훌륭한 월동 장소만으로는 이들이 긴 겨울을 무사히 보낼 수 없다.

낙엽층이나 토양의 작은 동물들이 성공적으로 추운 겨울을 나는 데는 쌓인 눈의 양과 쌓인 기간이 중요하다. 만약 장기간 눈이 덮여 있던 장소라면 그곳의 낙엽층과 토양이 대기의 낮은 온도와 바람으로부터 절연되어 있었다는 의미가 된다. 그럼 쌓인 눈 아래의 환경은 더 안정적이어서 작은 동물들이 무사히 겨울을 날 수 있다. 그렇지만 겨울에 쌓인 눈의 양이 충분하지 않다면 작은 동물들은 외부의 거친 환경에 그대로 노출되어 아주 힘든 겨울을 보내게 된다. 겨우내 쌓인 눈이 마치 이불처럼 낙엽층과 토양의 작은 동물들을 덮어서 보호해주는 것이다.

게다가 겨울 동안에 내린 눈은 지표면으로 스며 들어가 물로 저장되어, 봄이 찾아왔을 때 식물의 성장을 돕는 자양분이 된다. 따라서 겨울 눈은 온대지역에서 살아가는 생물들에게 하늘에서 내린 포근한 축복이라 할 수 있다.

대한大寒 24절기의 스물네 번째 절기로, 양력 1월 20일 무렵, 음력으로는 12월에 해당한다. '큰 추위'라는 뜻처럼 소한 지나 대한이 일 년 가운데 가장 춥다고 하지만, 이는 중국의 기준이고 우리나라에서는 사정이 달라 소한 무렵이 최고로 춥다. 이와 관련된 속담으로는 "춥지 않은 소한 없고 포근하지 않은 대한 없다.", "소한의 얼음이 대한에 녹는다." 등이 있다.

설국을 뒤흔드는
신비로운 북소리

임진강

하얀 얼음으로 뒤덮인 설국, 임진강에서 들려오는 소리이다.
겨울 철새의 보고라고 할 수 있는 임진강은
서로 다른 얼굴로 끊임없이 제각각의 소리를 만들어낸다.
신음하고, 아우성치고, 흐느끼고, 으르렁대는 신비로운 소리들.
얼음 덮인 임진강은 살아 있는 악기이다.

삐이잉~ 뿅~ 찌이이익~ 쿵~

얼음 덮인 임진강의 소리이다. 임진강의 얼음이 삐걱거리기도 하고, 신음하기도 하고, 아우성치기도 하고, 흐느끼기도 하고, 으르렁대기도 하며 소리를 만든다.

나는 우리나라에서 가장 아름다운 강으로 임진강을 꼽는 데 주저하지 않는다. 임진강은 아직 수변의 원형을 그대로 유지하고 있는 몇 안 되는 강이다. 이런 행운은 임진강이 휴전선과 가까이 있어서 개발의 광풍을 피할 수 있었기 때문이다.

임진강은 주상절리가 잘 발달한 절벽이 강의 양쪽에 잘 전개되어 있다. 제주도 해안에서 쉽게 발견할 수 있는, 구멍이 송송 뚫린 현무암도 찾을 수 있다. 이것은 먼 옛날 화산활동이 있었음을 보여주는 증거이다. 해 질 녘 임진강의 주상절리는 석양빛에 물들면 붉게 보여서 적벽이라고도 부른다.

겨울에 한파가 계속되고 매서운 바람이 몰아치면 임진강은 하얀 얼음으로 뒤덮인다. 많은 겨울 철새가 얼음 덮인 임진강에 의존해서 겨울을 난다. 임진강은 강폭이 넓고 모래사장이나 모래톱이 많아 겨울 철새가 안심하고 잠을 잘 수 있는 보금자리가 된다.

하지만 아무리 강이 꽁꽁 얼어붙어도 얼음 밑에서는 물이 흐르고, 물살이 센 여울에는 얼음이 잘 들어서지 않는다. 특히 볕이 잘 드는 곳은 낮이 되면 얼음이 먼저 녹기 시작한다. 이에 비해 주상절리의 그림자가 길게 드리우는 곳에는 얼음이 빨리 찾아오고 쉽게 녹지 않는다. 게다가 바람이 세게 부는 곳이면 온도가 더 떨어지고 얼음은 두꺼워진다.

멀리서 보면 임진강의 얼음 표면은 다 똑같이 평평해 보인다. 하지만 실제로는 온도, 바람, 물살 그리고 지형의 차이 때문에 임진강의 얼음은 늘 변형된다. 팽창하고, 금이 가고, 갈라지고, 부서지고, 깨지고, 녹아내리고, 떨어져 흘러간다. 그리고 그때마다 임진강의 얼음은 진동하며 소리를 낸다.

얼음 덮인 강이나 호수는 하나의 거대한 북과 같다. 날씨의 변화와 지형적인 요인으로 얼음이 수축하거나 팽창하고, 이에 따라 얼음층이 깨지거나 변형되면서 다채로운 소리를 만든다. 겨울철 얼어붙은 임진강도 살아 있는 악기가 된다.

지금 이 순간에도 수많은 동물들은 먹이 활동을 하고, 짝짓기를 하고, 집을 짓고 새끼를 길러낸다. 아무 일도 일어나지 않을 것 같은 고요한 숲속에서, 잔잔한 물속에서, 티 없이 맑은 하늘에서, 심지어는 생명의 숨결을 찾아보기 힘든 혼란한 도시의 마천루 사이에서도 무수한 자연은 소멸하고 다시 태어나며, 번영하고 쇠락한다.

자연은 매 순간이 경이이고, 자연 속에서 살아가는 개개의 생명이 기적이다. 이처럼 끈질긴 생명력을, 그 역동하는 신비를 너무도 익숙한 시선으로만 바라봐 오진 않았는지 다시금 생각하게 된다. 또, 우리가 공존하며 살아가야 할 대상임을 망각한 채 살아오진 않았는지, 인간적인 효율성의 잣대로만 자연을 판단해오진 않았는지 되짚어 보게 된다.

거창한 고민이나 선언적 태도보다, 일단은 자연의 소리에 귀 기울이는 것부터 시작해보면 어떨까? 지금 여기, 나에게 막 도착한 이 다채롭고 변화무쌍한 스물여덟 개의 자연의 소리에 말이다.

글 | **장이권**

이화여자대학교 에코과학부 및 생명과학전공 교수로, 행동생태학·진화생물학·생물음향학 분야의 권위자이다. 미국 캔자스대학교에서 나방의 의사소통 연구로 박사학위를 받았고, 이화여자대학교 자연사박물관 관장을 지냈다. 현재 내셔널지오그래픽 탐험가이자 '지구사랑탐사대'를 비롯한 여러 시민과학 탐사대를 이끄는 탐사대장으로 활동하며, EBS 〈클래스e〉, JTBC 〈차이나는 클라스〉, CBS 〈장이권의 지금, 자연은〉 등 다수의 미디어 강연과 대중 교양 특강을 진행하고 있다. 주요 저서로는 『하마는 왜 꼬리를 휘저으며 똥을 눌까?』(2023), 『인류 밖에서 찾은 완벽한 리더들』(2023), 『자연덕후, 자연에 빠지다』(2019), 『야외생물학자의 우리 땅 생명 이야기』(2015) 등이 있다.

그림 | **최윤정** (닥터구리)

유아교육자이자 지구사랑탐사대 시민연구원이다. 시민과학 활동을 하면서 2021년과 2022년 전북지방환경청 생태탐사대에 곤충 전문가로 참여했다. 현재 생명다양성재단 뿌리와 새싹 한국지부에서 시민과학자 '닥터구리' 팀으로 참여하며 노랑배청개구리 서식시 보진 활동을 비롯한 여러 탐사 활동을 하는 한편, 유아생태교육 교재 개발을 위한 탐사 사진 촬영 및 생태 세밀화 작업을 하고 있다. 2021년 닥터구리 팀으로 '제인 구달의 뿌리와 새싹 30주년 기념 글로벌 어워즈'를 수상한 바 있다.

삽화 사진 자료 제공 | **유상홍** (닥터구리)

지금, 자연은

나에게 도착한 자연을 듣다

펴낸날 1판 1쇄 2024년 2월 26일
2쇄 2024년 4월 26일

지은이 장이권
그린이 최윤정(닥터구리)
펴낸이 주소현
펴낸곳 이화여자대학교출판문화원
주소 서울특별시 서대문구 이화여대길 52(우 03760)
등록 1954년 7월 6일 제9-61호
전화 02) 3277-2965 (편집), 02) 362-6076 (마케팅)
팩스 02) 312-4312
전자우편 press@ewha.ac.kr
홈페이지 www.ewhapress.com
책임편집 이지예
디자인 김리영
찍은곳 한영문화사

ISBN 979-11-5890-507-1 03470
값 18,000원

* 잘못된 책은 구입처에서 바꾸어 드립니다.